图说海洋

武鹏程◎编著

人一生不可错过的绝美海景

中国篇

海洋出版社
北　京

图书在版编目(CIP)数据

人一生不可错过的绝美海景. 中国篇 / 武鹏程编著. — 北京 : 海洋出版社, 2022.9

ISBN 978-7-5210-0965-1

Ⅰ. ①人… Ⅱ. ①武… Ⅲ. ①海洋－中国－普及读物 Ⅳ. ①P7-49

中国版本图书馆CIP数据核字(2022)第111580号

图说海洋

人一生不可错过的绝美海景

中国篇

REN YISHENG BUKE CUOGUO DE JUEMEI HAIJING
ZIIONGGUOPIAN

总 策 划：刘　斌
责任编辑：刘　斌
责任印制：安　淼
排　　版：申　彪
出版发行：海洋出版社
地　　址：北京市海淀区大慧寺路8号
(716房间)
100081
经　　销：新华书店
技术支持：(010) 62100055

联系方式：(010) 62100090 (发行部)　(010) 62100072 (邮购部)
(010) 62100034 (总编室)
网　　址：www.oceanpress.com.cn
承　　印：鸿博昊天科技有限公司
版　　次：2022年9月第1版
2022年9月第1次印刷
开　　本：787mm × 1092mm　1/16
印　　张：13.25
字　　数：234千字
印　　数：1～4000册
定　　价：58.00元

前　言

我国有漫长的海岸线和大大小小、犹如珍珠般洒落海面的1.1万余座岛屿，整个海域有着丰富多彩的地质资源、地貌景观以及人文景观；它们相似却不雷同，各具特色。本书从“新、奇、特、美”的视角，介绍那些魅力十足、不容错过的绝美中国海景。

新

如嵊山岛后头湾村，原本是一个孤悬于海上的小村，因无人居住，本该是苍凉且萧条的，但由于绿植的疯狂生长，宛如遗落在大海边的绿野仙踪，幽雅恬静且充满生机。

奇

如看上去普普通通的蛎蚜山，除了蓝天碧海之外，堆积成山的牡蛎需要千万年的时间累积，而且每年6月下旬，附近海域会有几百头鲸聚会，至今都是未解之谜。

特

如南麂岛，不仅有碧海仙山、贝藻王国，还有因为花岗岩被海浪侵蚀，最终风化崩塌，从而形成的岩滩、港湾、岬角、水道、沙滩、砾石、海浪、气象、生物等550余种景观。

美

如西涌海滩，这里景色宜人，有湛蓝的天空、清澈的海水，而且没有过度开发，生态保护得非常好，不必下水就可以清楚地看见海里的生物。

除了海景外，还可跟随本书的指引，了解各地的人文景观和特色美味等。

本书由武鹏程编著，郑玉洁、武寅、赵海风、赵兴平、徐东升、郑亭亭、徐爱华等参与编写，因水平有限，书中难免有疏漏之处，诚恳地希望读者批评指正。

目 录

中国最美渔村

獐岛村

这是个“海味十足”的渔村，犹如一颗璀璨的明珠镶嵌在大海之滨，独具特色，别有风味。

> 獐岛村有“八珍”和“八鲜”。“八珍”分别是牡蛎、黄蚬、海蜇、文蛤、对虾、海螺子、小人仙、梭子蟹；“八鲜”则是褐梭鱼、孔鳐、鲈鱼、带鱼、鲐鱼、牙鲆、石鲽、蓝点马鲛。

獐岛位于辽宁省东港市北井子镇西南部黄海之中，岛上风景秀美，是我国万里海岸线东端第一岛，也是国家级旅游景区。

天然优质浴场

獐岛村是一个四面环海的渔村，一年四季气候宜人，没有特别寒冷的冬天，也没有特别炎热的夏天。这里的

[獐岛村天后宫]

海水清澈，矿化度非常高，对治疗皮肤病有一定的功效，而且海底没有礁石，是全国少有的天然优质浴场。

罕见的“佛光”

獐岛村时常弥漫着雾气，尤其是早晨或下过雨后，这里的云层会遮挡山脉，使山顶的轮廓若隐若现，远远看去，几处高高的山峰在云端微微露出。

如果幸运的话，在太阳初升的时候，会从山峰透出光芒，犹如“佛光”普照大地，这样的美景非常罕见，因此，这里还是观看海上日出的好地方。

獐岛村渔家乐

獐岛上的海产品十分丰富，仅鱼类、贝类、虾类就多达上百种。獐岛村有很浓厚的渔家文化气息，在这里可以“吃渔家饭、住渔家屋、干渔家活、观渔家景”，形成了完善的观光体系，来到岛上可以观海、垂钓，也可以去冲浪，或在海滩上捉海蟹、拾贝壳等。

[獐岛村特色菜——红烧全虾]

将出锅后的大虾头尾连在一起，摆在大圆盘中，形成花瓣状。虾身火红明亮，虾肉肥美，放到餐桌上好像一朵盛开的牡丹花。不得不说，这道菜色、香、味俱全。

[清水煮杂色蛤]

用清水煮当地的特色杂色蛤、蛤叉，保留了贝类原有的鲜香，让人回味无穷。

[獐岛村特产海蛎子]

这里的海蛎子的特点是个头大、味道好。

[赤甲蟹]

赤甲蟹是当地特产之一，不仅价格实惠，味道更是一绝。

獐岛村有“正月渔家乐”“渔家赶海”“做渔家人”等一系列活动供游客参与，更有民间大秧歌、渔家号子、渔家祭海、妈祖香缘等渔村民俗节庆活动。

吃好玩好后，夜里可睡在渔家特有的大火炕上，与渔家人一起体验渔民的纯朴生活。

地中海风情的“网红”旅店

獐岛村除了有地地道道的渔家乐之外，还有一些颇具地中海风情的“网红”旅店，旅店内的许多场景或装饰，随便拍摄都会有“大片”的感觉。旅店里还有厨房，如果不怕累的话，可以自己到海边抓海鲜，也可以在当地集市购买各种便宜的海鲜，自己烹饪。如果自己不想做，可以下楼，去饭店品尝当地的海鲜特产。

獐岛村有很多海鲜特产，如海蛎子、赤甲蟹、黄蚬子、梭子蟹和杂色蛤等。

獐岛村在2016年被评为“全国十佳休闲农庄”，成功晋级为国家4A级旅游风景区。2017年9月，獐岛村被辽宁省文明办推荐为“全国文明村”。2019年7月，獐岛村顺利入选首批全国乡村旅游重点村名单。2019年9月，獐岛村入选了第九批全国“一村一品”示范村镇名单。

[獐岛金滩]

獐岛金滩集蓝天、碧海、绿岛、墨峦、海堤为一体，漫步沙滩，礁岩天成，峰回路转，令人目不暇接。

大连最美的海滩

棒棰岛海滩

棒棰岛是一个以山、海、岛、滩为主的风景胜地，这里的海滩不仅是大连最美的海滩，同时被誉为“中国十大最美海滩”之一。

[棒棰岛海滩]

棒棰岛位于大连滨海路东段，景区北部群山环绕，遍布苍松翠柏；南面是开阔的海域和平坦的海滩，在距海岸600米处有一岛形似妇人捣衣的棒棰，故被称作“棒棰岛”。岛上岸崖陡峭，怪石嶙峋，遍布山花野草。

棒棰岛非常适合一家老小或者几个朋友相约来游玩，可以搭一顶帐篷，晒太阳，聚餐……

一座像棒棰的小岛

棒棰岛景区道路两旁大树参天、绿树成荫，海水非常清澈，从严格意义上来说，棒棰岛是没有沙滩的，都是很细小的石头海滩。在海滩与海水交接的地方有个凸

[棒棰岛]

棒棰岛其实是一座很小的岛，而且不允许游客上去，可在岸边远观或乘坐游船近距离观看。

出的小岛，那就是棒棰岛。在海滩边上还有一些礁石，可以拍照，但是不建议攀爬，因为上面长满了青苔、水草，导致礁石很滑，一旦落水很危险。

棒棰岛的海水要比周边其他海域的海水清澈很多，而且几乎闻不到咸涩的味道，浅浪拍来，泛起阵阵晶莹的浪花，煞是好看。

国家领导人爱去的地方

棒棰岛上最有名的不是海滩，而是大连棒棰岛宾馆，其占地面积 87 公顷，先后接待过多位国家领导人，如今依旧经常吸引着很多国家领导人、高官、商界名流来这里度假。因此，在棒棰岛游玩时，常会遇到交通管制，或者部分地方游客不能到访。但是即便如此，这里的游客还是络绎不绝。

[大连棒棰岛宾馆]

棒棰岛景区的环境一流，大连棒棰岛宾馆价格较贵，除非是为了拍摄日出，否则不建议在此住宿。

大自然与人类智慧的结合

大连老虎滩

老虎滩是大自然与人类智慧的完美结合，蓝天碧海、青山奇石、山水融融，构成了绮丽的滨海风光，是大连的一道亮丽风景线。

[石雕大老虎]

石雕大老虎是老虎滩的标志之一。

大连老虎滩又称为大连老虎滩海洋公园，位于大连南部海滨的中部，拥有 4000 多米长、蜿蜒曲折的海岸线。大连老虎滩海洋公园包括 5 个基本场馆：极地馆、珊瑚馆、欢乐剧场、海兽馆、鸟语林（根据季节不同，场馆内表演场次、时间不同）。

[大连老虎滩海洋公园]

大连老虎滩海洋公园不仅是国家 5A 级景区，还是全国青少年教育基地。

[老虎滩]

[大连老虎滩海洋公园全景]

世界最大极地海洋动物馆

老虎滩极地馆是目前世界上最大的极地海洋动物馆，有百余种极地动物，包括白鲸、海豚、北极熊、海象、企鹅、海狗、海豹、南海狮、北海狮、加州海狮以及千尾游鱼等。在这里可以从水下、水上、高空三个不同的角度，近距离观赏极地海洋动物的自然生活状

老虎滩极地馆东侧有一块高 8 米、宽 6 米、厚 45 厘米的巨大玻璃，堪称世上一绝。

[海洋馆中的海豚]

大连老虎滩的传说

相传，很久以前，有一头体型庞大的老虎居住在靠海的山洞里，人们称那里为老虎洞。

老虎经常下山伤人畜，而且每到半夜涨潮之时，便会发出虎啸。

这座山下住着一位勇敢的青年石槽。有一天，石槽在山上打猎时，救下了被老虎扑咬的龙女，为了报答救命之恩，龙女嫁给了石槽。

为了彻底清除虎患，婚后第一天，龙女告别石槽，回龙宫借宝剑，因为只有龙宫里的宝剑才能制服老虎。不巧，龙女走后不久老虎又下山伤人，石槽挺身而出，与老虎搏斗，从山脚打到海滩，老虎被打死在海边，成了老虎滩。石槽也因伤势过重死在海中，变成了礁石。龙女借剑回来后心痛不已。她丢下宝剑，扑倒在亡夫的身边，化成了美人礁。

[龙女、石槽雕塑]

态，感受动物界最真实的一面。

除此之外，极地馆内还有各种表演，如梦幻水幕下人鱼公主表演的水上特技；驯养师特技演员与极地动物一起的表演……

亚洲最大珊瑚馆

老虎滩珊瑚馆是亚洲最大珊瑚馆，是一个以展示热带海洋珊瑚礁生物群为主的大型海洋生物馆。珊瑚馆可分为六大区域，其中珊瑚及珊瑚鱼精品、海底实验室和潜水表演是三大主力展示区域。馆内采用了最先进的水处理技术，搭配仿生岩石

[珊瑚]

老虎滩珊瑚馆海底隧道是国内第一次以 90° 的角度展示珊瑚及珊瑚礁鱼类的尝试。

[火烈鸟]

[老虎滩跨海空中索道]

和3000多个珊瑚礁生物群，还原了神秘的海底世界。

珊瑚馆海底隧道将人们引入了奇幻的热带海底世界。首先映入眼帘的是色彩斑斓的热带鱼，与其相伴的珊瑚同样绚丽多姿，它们在黑暗的环境中像一个个梦幻水族箱排列在两旁。在这里还可以欣赏到西南太平洋海域的活珊瑚、活海葵、贝类。

全国最大的人工鸟笼

作为全国最大的人工鸟笼，在鸟语林除了能看到红鹳、火烈鸟、灰冠鹤、犀鸟、黑天鹅等特色珍禽之外，还可以观看孔雀东南飞、金雕捕食、鹈鹕守门等精彩表演。鸟儿们清脆婉转的歌声宛如在开一场热闹非凡的演唱会，也是孩子们的最爱。

全国最长的跨海空中索道

老虎滩跨海空中索道东起虎滩湾中部山岬角，西到虎雕广场的虎山坡顶，全长 600 米，是我国第一条大型跨海游览索道，也是目前国内最长的跨海空中索道，乘坐索道于空中，老虎滩秀景一览无余。

此外，老虎滩还有神奇的马驷骥根雕艺术馆、渔人码头、全国最大的花岗岩群虎雕塑、特种四维影院以及惊险刺激的侏罗纪激流探险等景点，秀丽美景数不胜数。

［渔人码头］

渔人码头东西长 480 米，南北长 500 米，拥有长达 1768 米的海岸线，西侧和东南角区域有天然沙滩，在南侧有一座长约 280 米的栈桥，是一个集观光、娱乐、文化、餐饮、购物、度假等多功能于一体的综合性特色主题商业区。

细沙与浪花的吻痕

昌黎黄金海岸

昌黎黄金海岸没有礁石，沙细滩缓，沙丘延绵，是滑沙运动的胜地，整个海岸附近更是一个天然浴场，被评为“中国最美八大海岸”之一。

七里海平时与渤海被沙丘隔绝，是华北地区最大的潟湖。滦河、饮马河等支流河水汇入后，湖水逐渐被冲淡，形成淡水湖泊，繁殖鱼、蟹和菱角；如遇风暴潮或滦河特大洪水，沙丘会被冲开新口，七里海与渤海相连，则变成咸水潟湖，成为渔船的避风港。

昌黎黄金海岸位于秦皇岛市昌黎县境内，东距北戴河海滨 17 千米，西南到滦河入海口。长达 52.1 千米的海岸边沙质松软，色黄如金，故称黄金海岸。其中的大蒲河至七里海海岸长 12 千米，景观奇特，地貌类型多样，是黄金海岸的最佳地段。

[七里海]

天然的海滨浴场

昌黎黄金海岸总面积376万平方米，由于这里沙细、滩缓、水清、潮平，无论从何处下水游泳，也无被礁石划伤或海水吞没的后顾之忧，即使入海远达50多米处，水深也不过腰部，是一个天然的海滨浴场，特别适合带着老人、孩子一起享受在大海中畅游的乐趣。

昌黎黄金海岸上分布有40余个沙丘，最高处达44米，为全国海岸沙丘的最高峰。

在这里滑沙安全而刺激

昌黎黄金海岸的沙子经过千年的海风吹扬改造，形成了一望无际的海岸大沙丘和次一级的小沙丘，游客可以选择坐缆车到达沙丘顶部，然后坐在竹木制成的滑沙板上一滑而下，惊险刺激却没有危险，不用担心会被大的沙砾或者其他杂物擦伤；也可以闭上眼睛直接倒在沙坡上，让身体随着细沙滑行；或者身体凌空飞起180°大翻转，在沙坡中翻滚着下落到沙丘底部；也可以选择靠海的沙丘，直接随着沙子滑入海水之中……

大家不用担心滑沙运动会使沙丘日渐降低，因为海岸沙丘受海风吹扬作用，源源不断地得到海滩、沙堤上的沙补充，高度一般不会降低。

昌黎黄金海岸的最佳滑沙地点要数七里海附近的沙丘，这里的沙丘最壮观，高低落差最大。

［黑嘴鸥］

昌黎黄金海岸是黑嘴鸥的主要栖息繁殖之地，而黑嘴鸥被列为世界珍禽。

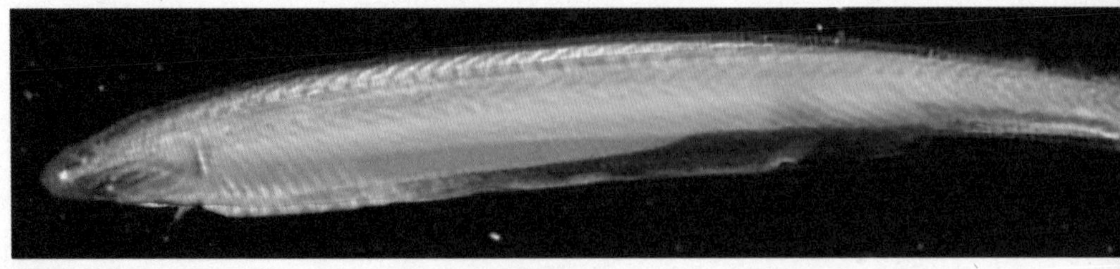

[文昌鱼]

[碣石山]

昌黎黄金海岸的植物、动物

昌黎黄金海岸周边沙化一直非常严重，由于海水的侵蚀和海风的影响，海岸线周围并不适宜植物正常生长。近些年来，在当地政府的领导下，人们防风固沙、改善生态环境，营造了6万多亩人工林带，主要有洋槐、刺槐、小叶杨、柳树等。还有许多其他草木，如紫花合掌消、肾叶打碗花、紫苜蓿、无翅猪毛叶等。

如今的昌黎黄金海岸植被茂密，成了动物良好的栖息之地。据统计，在昌黎黄金海岸活动的鸟类有168种，以候鸟为主，占95%。其中有68种鸟类属于国家保护动物。

除此之外，这里还有被动物分类学家誉为“活化石”的文昌鱼，是目前我国文昌鱼分布密度最高的地区之一。

李大钊在1908—1924年先后7次避难于韩文公祠，并著书《游碣石山杂记》。

碣石山

碣石山坐落于昌黎黄金海岸，因主峰险峻且濒临大海，虽在“五岳”之外，却有“神岳”之美誉。在《山海经》和《尚书·禹贡》中都记载有碣石山，曹操更曾在此留下诗篇《观沧海》。唐朝文学家韩愈祖籍河北昌黎，死后被追封为昌黎伯，因此又称韩昌黎，碣石山上修有韩文公祠。

[北隍城岛山后村绝美的海湾]

海洋中的世外桃源

南、北隍城岛

在这里可以享受碧海蓝天、海风拂面，坐看云卷云舒、潮起潮落，感受淳朴的民风，品尝最新鲜的海味，南、北隍城岛宛如海洋中的世外桃源。

南隍城岛和北隍城岛位于山东半岛的北端，《清一统志・登州府》中记载：“南隍城岛在蓬莱县北四百余里。又北九十里，有北隍城岛。”这两座岛如今隶属于长岛县，被人们称为海洋中的世外桃源。

[北隍城岛观音礁]

整块礁石如观音团座在海面之上，后面还跟随着一位童子，惟妙惟肖。

[岛上的隧道]

岛上有很多这样的隧道，都是以前驻扎在这里的部队修建的防御工事的一部分。

在北隍城岛游玩时，有些军事禁区是不能随意拍照的。

北隍城岛

北隍城岛虽然面积不到 3 平方千米，却是进入渤海的必经之路，也是通往北京、天津的海上门户，被人们称为“渤海前哨”。这里曾是重要的军事要塞，岛上的山都被打通，修成了防御工事。如今虽然不再是军事要塞，但是岛上依旧有官兵驻守，每年休渔期，北隍城岛的人流量增多时，驻岛官兵也会加大巡逻的次数，可见在北隍城岛游玩是很安全的。

北隍城岛有山前村和山后村两个村，山前村可以看到码头、海湾；山后村则可以看到礁石群和美丽的海湾、海滩，因为人迹罕至，所以景观保存得很好。

登上北隍城岛山顶可以远眺大海，这里距蓬莱港 64 海里，距辽宁旅顺港 42 海里。据当地人介绍，天气好的时候甚至能看到旅顺港。

[北隍城岛水产养殖带]

北隍城岛海域辽阔，水质肥沃，是全国少有的无污染海域之一。

南隍城岛

从北隍城岛乘坐渔船 10 分钟就可以到达南隍城岛，南隍城岛面积仅有 1.83 平方千米，和北隍城岛一样，这里到处都是隧道和要塞，虽比北隍城岛小，但是海景一点儿都不逊色，尤其是被海滩、奇石、绝壁包围的棋盘山更是让人眼前一亮。

南隍城岛上只有一个村子，面积虽小，却很富足。南隍城岛村给村民贷款，统一盖上了两层小别墅，水电大部分免费，还全额负担学生学费，一直到大学毕业。为了方便离家远的孩子上学，村里还在县城为孩子们建起了学生公寓……南隍城岛村曾被授予“全国文明村”的称号。

南、北隍城岛静谧而美丽，不仅能让人忘掉所有的烦恼，享受海风，还有自由翱翔的海鸥陪伴左右，让人心旷神怡。

[南隍城岛美景]

在南、北隍城岛，可以找当地人潜入海底去寻找野生的海味，也可以自己坐船到海中央垂钓。

[南隍城岛棋盘山绝壁]

[贝壳堤岛上的贝壳]

世界罕见的古贝壳滩

无棣古贝壳堤

蓝天白云、海天一色，沙滩上铺满了各式各样的贝壳，多到令人震撼。这里是世界上唯一的新、老贝壳沙堤并存的地方，也是世界上罕见的古贝壳滩脊海岸。

来到山东省滨州境内，大家首先想到的估计是沾化的冬枣、阳信的鸭梨，或者孙子兵法城、魏氏庄园、帝师杜受田故居，除此之外，还有一个值得游玩的地方，那就是滨州无棣县的古贝壳堤。

> 2002 年，贝壳堤岛被山东省人民政府列为省级保护区。
>
> 2004 年 12 月 17 日，贝壳堤岛晋升为国家级自然保护区。

无棣古贝壳堤濒临渤海湾，距离滨州市区约 100 千米，已有 5000 年的历史，是世界上贝壳堤最完整，唯一的新、老贝壳堤并存形成的贝壳堤岛。

无棣贝壳堤岛保存最完整

无棣贝壳堤岛绵延 30 千米，总面积 80 480 公顷，贝壳总储量达 3.6 亿吨，在海水潮汐的作用下，每年仍以 10 万吨贝壳堆积的速度生长。海岸线拥有大、小贝砂岛 50 多座。

[贝壳堤岛上的海螺雕塑]

目前，世界上有三大贝壳堤岛，分别是无棣贝壳堤岛、美国圣路易斯安娜州贝壳堤和南美苏里南贝壳堤。

美国圣路易斯安娜州贝壳堤和南美苏里南贝壳堤的贝壳含量仅为 30% 左右，而无棣贝壳堤岛的贝壳含量几乎达到 100%。无棣贝壳堤岛不仅纯度最高、规模最大，也是目前保存最完整的贝壳堤岛。

无棣为古九河入海之域，因黄河迁徙，海岸线变迁，沙滩上的贝壳长期堆积而成堤。淤泥与贝壳堤相互更替，渐渐形成了如今的贝壳堤岛。

海上仙境汪子岛

在无棣的滩涂上，无数堆积的贝壳抵挡着汹涌的潮水，千百年的海潮在渤海湾南岸、西岸形成多条平行于海岸线的贝壳堤，塑造出神奇的天然大堤，也成了渤海湾海岸线向渤海延伸的脚印。

无棣贝壳堤岛的海水不像其他地方的海水那样清澈湛蓝，这里的海水是浑浊的。因为这里是典型的泥质海岸，海水中含有大量的微生物。这些微生物是鱼类、贝类、蟹类的天然养料，所以汪子岛盛产对虾、梭子鱼、梭子蟹等。

在这条长长的贝壳堤最东段有座汪子岛，它的面积虽然不大，只有 6 平方千米，但却是整个鲁北地区唯一能够直观渤海的地方，有“海上仙境”之称。

相传，徐福奉秦始皇的命令率领童男、童女沿古鬲津河（如今的漳卫新河）经汪子岛登官船起程，入海求仙，寻取长生不死之药，长久不归，童男、童女的父母们奔波到了此岛，眺望大海，盼望着子女归来，所以有了“望子岛”的名字，后人也叫它“旺子岛、汪子岛”。

汪子岛的沙滩长约 2.5 千米，极为狭窄，最宽处不足 200 米，但这里却是极度美丽的金色沙滩，这些金黄色的细沙是由被海潮推上岸来的贝壳，经成百上千年的

[贝壳堤岛徐福塑像]

徐福，字君房，黄县（今龙口市）徐乡人，秦代著名方士，我国伟大的航海家。

风蚀而形成的。岛上很少有人活动，茂盛的草木、金晃晃的沙滩、几排没有炊烟的红瓦房，让这座偏僻的小岛恍若“世外桃源”。

在距汪子岛西南方向 56 千米处的河北盐山县有个千童镇，据传便是徐福当年招募童男、童女的地方。千童镇修建了千童殿和徐福祠，更增加了这个传说的可信度。

游玩汪子岛一定要先对照当地的潮汐表，如果潮汐没有退却，是看不到最美的沙滩的。

无棣贝壳堤岛附近海域有丰富的海产品，岛上盛产名贵中草药，如凤凰头、海麻黄、沙参等。

贝壳堤岛的传说

相传在很久以前，渤海边上有个古埕子口码头。码头边有一家小药铺，掌柜姓朱，妻子已经去世，他与 6 岁的女儿朱小妹相依为命。

有一天，父女俩救了一只受了重伤的白狐，白狐临死前把尾巴留给了父女俩。

有一次，朱掌柜想抄医书，找不到毛笔，正好看见挂在墙上的狐尾，便从上面拔下几根狐毛做了一支笔，没想到这是一支能实现愿望的神笔。

朱小妹长大后嫁到广武城，神笔便成了嫁妆。没想到婆家嫌朱小妹家境贫寒，将她撵到一个破旧的院子里。

朱小妹拿出神笔，画出锅、碗、瓢、盆、米、面等东西解决困境。为了以后的日子，又画了织布机和一架纺车。她通过每天辛勤的劳动，日子渐渐红火起来。有时，朱小妹会画一点食物给穷人送过去。没过多久，朱小妹有神笔的消息便传开了。

一伙匪徒便因此绑走了朱小妹夫妻二人，威胁朱小妹画金银财宝。朱小妹先是画了酒肉来哄骗匪首，趁匪徒们吃得高兴之时，拉着丈夫逃跑，但没跑多远，便被匪徒们追上来了。为了不让神笔落入匪徒手中，朱小妹抓起一只蛤蜊，把壳掰开一条缝隙，将神笔塞进去藏了起来，匪徒们没有搜到神笔，便威胁朱小妹，扬言要杀死她的丈夫，朱小妹只好答应交出神笔。可当朱小妹找到藏蛤蜊的地方时却大吃一惊，原来那只蛤蜊早就没了影子。以前光秃秃的土岭子，现在遍地都是贝壳，而且还不停地从土里往外冒。匪徒们以为是得罪神灵了，吓得一哄而散。

一个亭、一座桥、一座城

青岛栈桥

青岛栈桥景色优美，如同一首优美的诗：烟水苍茫月色迷，渔舟晚泊栈桥西，乘凉每至黄昏后，人依栏杆水拍堤。

［青岛栈桥］

青岛栈桥位于青岛中山路南端，全长440米，宽8米，栈桥采用的是钢混结构，桥身从海岸上探入青岛湾的深处，如一轮弯月。据记载，青岛栈桥始建于清光绪十八年（1892年），当时清政府为便于军需物资的运输，建了两座码头，其中一座就是青岛栈桥，1893年竣工。这是青岛最早的军事专用码头，也是青岛的标志性建筑。

青岛栈桥南端为半圆形防波堤，堤内建有“青岛十景”之一的回澜阁。桥北沿岸为栈桥公园，公园内设有石椅，种植着各种花草树木。

[回澜阁牌匾]

该牌匾由著名书法家舒同所写。

回澜阁

1931 年，当时的青岛市政府为适应旅游需要，投资扩建了青岛栈桥，并在青岛栈桥最南端防波堤上修建了回澜阁。这是一个由 24 根红漆柱子支撑、琉璃瓦覆盖的双层飞檐八角凉亭，亭内有螺旋形楼梯通往楼上阁楼，楼上朝 8 个方向的窗户均为玻璃窗，每一个窗外的景色都不一样，可以说是一窗一景、一景一画。

回澜阁牌匾上的“回澜阁”三个大字，最初是由“中华民国”时期的青岛市市长沈鸿烈题写的，在日本第二次占领青岛时被掠夺走。

中华人民共和国成立后，回澜阁再次修建，经多方寻找均未找到原来的牌匾，如今的回澜阁牌匾是由著名书法家舒同所写。

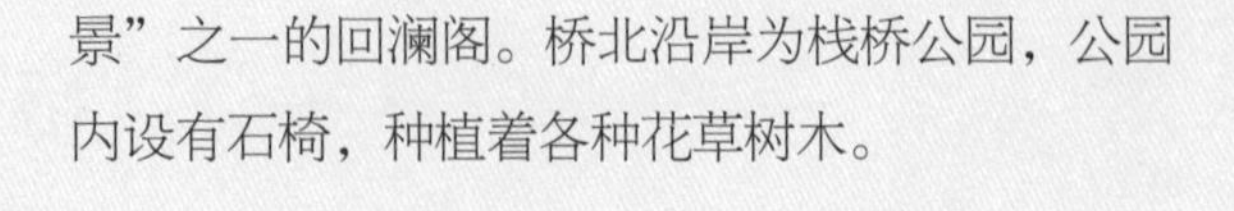

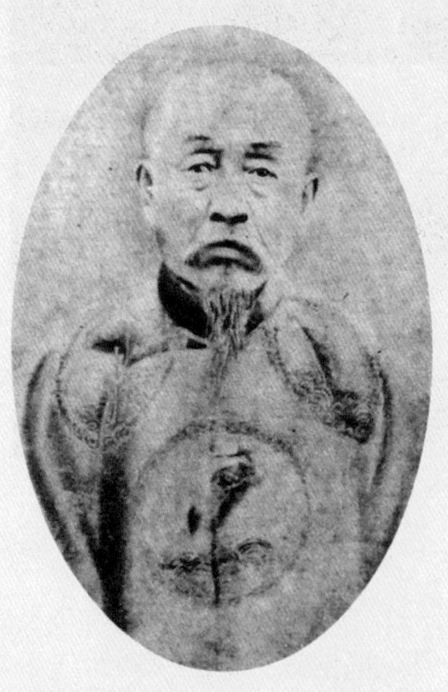

[章高元]

1892 年，清政府青岛建置第一任总兵章高元命人在此搭起了一座铁木结构、以木铺面的栈桥，长约 200 米，专门用来装卸军用物资。

小青岛

小青岛又名琴岛，位于回澜阁的对面，与青岛栈桥隔海相望。小岛原来叫青岛，因为岛上常年林木葱郁。1914 年，日本占领青岛后，改名为加藤岛，青岛解放后改名为小青岛。

小青岛距离海岸 720 米，三面环海，一面有长长的海堤与陆地相接。最高处有一座白色的八角形灯塔，是清光绪二十六年（1900 年）由德国人建造的，灯塔高 16.5 米，塔内装有反射镜，并以旋转式闪光灯发光，能照到 15 海里远的距离，是船只进出胶州湾、青岛湾的重要航标，中华人民共和国成立后，有关部门对灯塔进行了大规模整修，如今是青岛的重点保护文物。

[小青岛，长长的海堤与陆地相连]

与其说小青岛是一处景点，倒不如说是上天赐予青岛人的一处净土，这里有安静的小公园，虽无过人景致，却显得格外惬意。

青岛栈桥周边除了有回澜阁、小青岛之外，还有许多美景，如古老繁华的中山路、栈桥西边沙滩的海水浴场、青岛餐饮特一级店——海上皇宫、俗称“亨利王子饭店”的栈桥宾馆等。

仙女爱上渔夫

相传，天庭中弹琴的仙女爱上了一位勤劳的年轻渔夫，悄悄下凡与渔夫结为夫妻，小两口恩恩爱爱，渔夫出海打鱼，琴女就在小岛上弹琴，用琴声为爱人导航。

玉皇大帝得知后大怒，指派天兵欲捉琴女回去问罪，琴女对爱情至死不渝，殉情在小岛上。

[琴女塑像]

雾锁山头山锁雾

万平口海滩

万平口海滩让人有一种“雾锁山头山锁雾，天连水尾水连天”的感叹。这里的海滩以“最宽阔平坦、最洁净、最长的海滩”之一著称于世，素有“来日照旅游必到万平口”之说，可见万平口海滩的盛名。

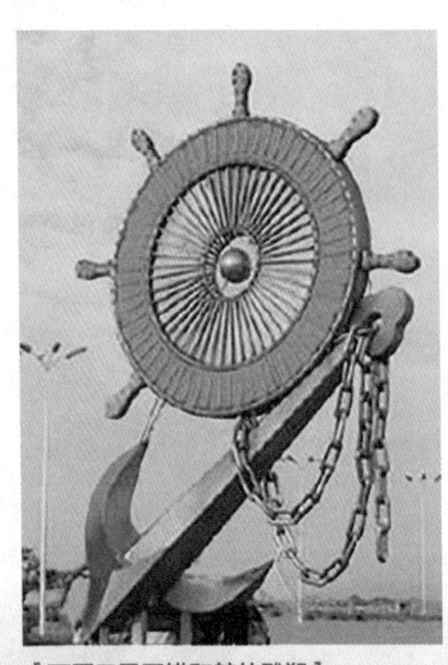

[万平口景区锚和舵的雕塑]

山东省日照市万平口海滨风景区依黄海而建，南临日照港，西接植物园，仅海岸线就长达5000米，占地面积760万平方米。这里年平均气温12.6℃，冬无严寒，夏无酷暑。万平口海滩集广场、绿地、娱乐、洗浴于一体，是海滨生态市、东方太阳城的重要标志。

万平口海滩潟湖

万平口生态广场景区内的潟湖是长江北最大的天然潟湖，涨潮时，海水通过跨海大桥逶迤而来，湖水波光粼粼，一泻千里。这里白帆点点，船舶成群，可以自由自在地感受各种海上娱乐项

[万平口海滩]

[灯塔广场]

在一片面向大海的绿草坡地上，一座灯塔犹如破土而出的“定海神针”。以灯塔为中心，海洋、礁石、沙滩、雕塑相互映衬。

目。万平口自元朝时期就是重要的通商口岸，不论外海风浪多大，这里的天然潟湖内都风平浪静，有“天然避风港”之称。古时，每年都有上万艘从江南运送大米到北方的船只在这里停靠、中转，有“万艘船只平安抵达口岸”之意，因此称为“万平口”，也寓意“万事平安，一生平安”。

三号门、海洋公园

沿着万平口海滩一路向北，便是有名的网红打卡点——三号门，这里有海上城堡、网红楼梯、花间小屋和玻璃秋千等景点。

[潟湖]

［网红楼梯］

一段楼梯从岸边向大海和蔚蓝的天空延伸，似乎在向大海、苍穹诉说着什么……

［玻璃秋千］

一个圆形的画框如同被镶嵌在海浪和蓝天白云之上，悬坐于玻璃秋千上可以近距离聆听海的声音……

欣赏完三号门的风景后，可以到海洋公园看看各种海洋动物，如海豚、海狮、美人鱼，还可以观看人鲨共舞等节目，很多动物都可以与游客零距离互动。

除此之外，万平口海滩周围的海滨森林公园、东夷小镇、任家台礁石公园等都有独特的景致。

［花间小屋］

这是一间天蓝色的小木屋，印着粉色小花，站在楼台上可看到海天交接处的秀色，拍照、欣赏风景两不误。

亚洲第一滩
金沙滩

金沙滩上有如金子般的沙子铺向天际，有如银的波浪匆匆地亲吻沙滩，还有大海的交响乐声声入耳，让人不禁迷醉其中，如入仙境。

金沙滩位于山东半岛南端黄海之滨的青岛凤凰岛，南濒黄海，呈月牙形东西伸展，全长3500多米，宽300米，是到青岛旅游的必去景点，有“亚洲第一滩”的称号。金沙滩海水浴场是我国面积最大、风景最美的海水浴场之一。

古往今来，有许多学者、诗人被金沙滩的美所折服。清代诗人周再庚在《薛家岛阳武侯故里》中写道：“岛屿蜿蜒傍海隈，苍茫万顷水天开，潮声如吼摇山岳，疑是将军拥众来。”现代学者用诗文描述着金沙难的美：“金沙滩头平，遥望天水涌，海阔纳万物，山远断九穹，危礁傲飞浪，娇燕喜罡风，沧海无尽时，扬帆日边行。”

“凤凰岛”又称薛家岛，山海相连，风景秀丽，像一只展翅欲飞的凤凰横卧在黄海之滨，由此得名。

金沙滩和隐身石蛙的传说

金沙滩水清滩平，沙细如粉，色泽如金，海水湛蓝，水天一色。关于金沙滩，还有一个美丽的传说：相传在古时候，有一只金凤凰飞上天庭，参加天庭举办的百鸟盛会。当飞到胶州湾的时候，看到这里碧波万顷、渔歌荡漾，让它流连忘返，错过了百鸟盛会，天庭大怒，罚它永远不能离开此地，同时天庭指派一只青蛙看守，日

[金沙滩美景]

[隐身石蛙]

[沙滩排球]

复一日，年复一年，金凤凰化为今天的凤凰岛，而它美丽的翅膀掠过的地方就变成了色泽如金的金沙滩。那只青蛙则变成了一只石蛙，它的头朝东，脚朝西，依旧坚持看守着金凤凰，每到涨潮的时候，石蛙便会若隐若现，被称为“隐身石蛙”。

沙滩排球和沙滩足球

沙滩排球和沙滩足球对比赛场地有极高的要求，必须没有石块和贝壳，最主要的是没有任何其他有可能造成运动员损伤的杂物。金沙滩的沙细如粉，正好符合这些条件，是一个玩沙滩足球和沙滩排球的理想场所。

每到夏季，人们便会涌向金沙滩，架起球网，在细软的沙滩上，充足的阳光下，尽情地跳跃、翻滚、鱼跃。

凤凰之声大剧院

在金沙滩上有一座醒目的建筑，那就是凤凰之声大剧院，其外部造型美观，曲线复杂，外形似降落在金沙滩上的一只凤凰，故取名为

[凤凰之声大剧院（外观）]

凤凰之声大剧院总建筑面积 3.9 万平方米，建筑高度达 66 米。

“凤凰之声”。

凤凰之声大剧院在“凤凰”头部设置了观景、蹦极平台，在“凤凰”脖颈处则设置了国内最长的斜轨观光电梯，成为一座具有可游玩性的建筑。

隐于“凤凰”尾部的是具有世界水准的专业音乐厅，“凤凰”肚里的是综合演艺厅，“凤凰”脖颈处则是多层特色观景餐厅。整个空间设计巧妙灵活，可以满足多种文化活动要求。

沙滩排球是一种方兴未艾的时尚运动，于 1996 年进入奥运会。美国和巴西等国家沙滩排球开展广泛，是这个项目上的强国。

1927 年沙滩排球开始传入欧洲，在当时是法国“裸体主义者”的活动项目之一。

[凤凰之声大剧院音乐厅]

仅 2019 年，凤凰之声大剧院承接演出 100 余场次，观众达 10 万余人次，部分热门演出上座率高达 100%。

[海参]

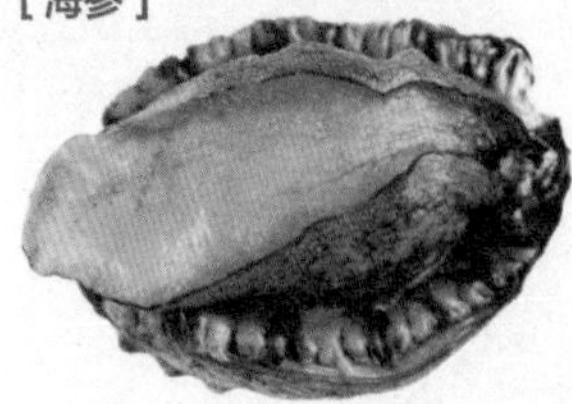

[鲍鱼]

[螃蟹]

[金沙滩“三宝”]

海参、鲍鱼和螃蟹是金沙滩“三宝”，据说有延年益寿的功效。这虽然可能只是坊间传闻，但据统计，金沙滩当地人的寿命相对较长。

这里除了有肥美的海参、鲍鱼和螃蟹之外，还有生蚝、扇贝、大虾、海螺、蚬子、蛤蜊、波士顿龙虾等。

[凤凰之声大剧院蹦极台]

凤凰之声大剧院蹦极台高约 46 米。

凤凰之声大剧院经常举行盛大的音乐节，有时候还是高层次、高规格、高水准的国际级音乐文化。除了高雅的音乐节，这里还经常举办啤酒节，如有幸正好赶上，那必定可以享受啤酒和美味盛宴。

金沙滩文化旅游节

每年 7 月中下旬到 8 月中旬，这里都会举行金沙滩文化旅游节。每届的开幕式都会邀请众多海内外知名歌手参与，也会请歌舞团前来助兴。所以，每年的金沙滩文化旅游节都会吸引许多人前来观看，在这里不仅可以听到优美的歌声，还可以欣赏精彩的舞蹈。

金沙滩“三宝”

都说“人生七十古来稀”，而在金沙滩，80 岁的老人随处可见。不但如此，他们耳不聋、眼不花，身体都十分健康。你若好奇地问当地人缘由，他们一定会告诉你金沙滩有三宝：海参、鲍鱼和螃蟹。金沙滩的这“三宝”个大、肥美，最主要的是营养价值高。据传，金沙滩的“三宝”有延年益寿的功效。

中国的好望角

成山头海滩

这里是中国最早看到海上日出的地方，自古就被誉为“太阳初升的地方”，有“中国的好望角”之称。这里的海水清澈湛蓝，海岸上怪石嶙峋，曾被评为“中国最美的八大海岸”之一。

成山头海滩与韩国隔海相望，是中国陆海交接处的最东端，位于山东省威海市成山山脉的最东端，所以得名成山头。这里有始皇庙、射蛟台、望海亭等著名景点，据说秦始皇曾两度来到此地：一次是来此地拜祭日主；另一次是来此地求取长生不老药。

公元前 94 年，汉武帝刘彻率领文武百官东巡至此，被“成山头日出”这一绮丽的自然景观所折服，遂下令在成山头修筑拜日台、拓日主祠，以感恩泽，且作《赤雁歌》志之。

始皇庙

公元前 221 年，秦国统一天下，秦始皇东巡到东山时，见成山头伸向茫茫大海，以为到了东方的尽头，遂命丞相李斯书“天尽头”三字，刻石立碑，并在成山南峰阳坡建立行宫，称为始皇殿，也有秦皇宫、始皇宫、秦皇庙、始皇庙之称。后来当地的居民觉得秦始皇能来到此地是莫大的荣幸，便不断地扩修始皇庙。

到了明代正德年间，始皇庙已占地 300 亩，有正殿三座，配殿不计其数。清嘉庆二十五年（1820 年），有一艘江南商船在山下触礁沉没，仅账房先生徐复昌幸免于难，他以为是秦始皇神明保佑，回乡后出资修建始皇庙。这座庙由道家主持，里面住有 200 多名道士。后来被烧毁过，不过秦始皇的塑像被保存了下来。

[始皇庙后殿中的邓世昌雕像]

成山头自古为军事重地。著名的甲午海战与黄海战役便发生在成山头以东的海面上。为纪念壮烈牺牲的邓世昌，当地人于清光绪二十五年（1899 年）在始皇庙后殿修祠塑像纪念。

[摩天岭大捷石刻壁画]

公元 1554 年（明朝），戚继光在此全歼来犯的倭寇黄海编队，斩俘 1600 余人，是史上著名的“摩天岭大捷”。

成山头上的始皇庙是目前全国唯一的纪念秦始皇的庙宇，目前留存的主体建筑修建于清代。

秦桥遗迹

相传公元前 210 年，秦始皇又至荣成，欲往海中求取长生不老药（也有传说是去东方祭拜日主），便命人日夜赶工运石头填大海，造一座能通往海的尽头的大桥。秦始皇的这一举动感动了东海龙王，东海龙王派了海神来帮助他，一夜之间桥便建了 40 余里（20 多千米）。秦始皇知道后想当面感谢海神，海神因为自己长得丑，

在威海荣成，“太阳”是漂亮男孩的意思，因此有很多想生男孩子的夫妇慕名而来，传说梦见太阳入怀便可得一麟儿。关于把“太阳”比作漂亮男孩的出处还有阿波罗的传说——太阳神。

[成山头上的秦始皇出行塑像群]

在成山头始皇庙内仍有日主祠，日主祭坛为圆形，与太阳相呼应，每年当地百姓仍会举办成山拜日活动，祝官穿红色祭服。

不愿意被世人知道，所以对秦始皇说："见面可以，但是不能画像。"秦始皇表面答应了，但与海神见面时，私下让画师扮成工匠，偷偷地将海神画下来。海神察觉后勃然大怒，斥责秦始皇不守信用，并立即将已经建成的桥给毁了。就这样，石桥轰然倒塌，只留下了 4 个桥墩。如今成山头下的海中有 8 块礁石排列伸向大海，被称为"秦桥遗迹"。

据说摸摸始皇庙里跟随的侍俑塑像，运气会转好，时间长了后，兵马俑的小脸被人们摸成了黑色。

[成山头灯塔]

这座灯塔是英国人在 1874 年建造的，高 16.3 米，灯光射程 21 海里，至今完好无损，可以正常使用。

[成山头射蛟台]

传说徐福为讨秦始皇欢心，说"东海里有三仙山，那里有长生不老之药"。秦始皇大喜，命其去寻找仙药，并拨给徐福大量的金银珠宝。徐福领命后，又怕犯欺君之罪，于是就继续说了个谎言，称东海有一条大蛟龙保护仙草，阻挡着不让人靠近。秦始皇又调拨了一批神射手跟随徐福，来到成山头海边的一块大石头上射杀蛟龙，这块礁石便由此得名"射蛟台"。

中华海上第一奇石

荣成花斑彩石

荣成花斑彩石是我国漫长海岸线上唯一集海蚀柱、海蚀纹、海蚀浮石于一体的海上奇石。此石体积巨大，外形奇特，色彩艳丽，花纹多变，独具神韵，早在清朝道光年间就被誉为“荣成八大景”之一。

[通往花斑彩石的小桥]

在距离成山头 10 千米处、烟墩角天鹅湖（海湾）西岸潮间带的礁石滩上有一块被称为“中华海上第一奇石”的巨石，这个礁石滩也因它而得名花斑石滩。

来自寒武纪的火山喷发

荣成花斑彩石距离海岸 50 多米，是由 5 亿年前寒武纪火山喷发的凝灰岩形成的花斑彩石海蚀柱。其长约 35 米，宽约 20 米，高约 9 米，总体积 7000 立方米，由赤、橙、黄、白、青 5 种颜色相互融合；花纹与线条多变，外形奇特，曲直流畅，色彩艳丽，立体感极强，是一种地质学上非常典型的海蚀地貌景观。

[中华海上第一奇石]

花斑彩石是块神石

相传火神祝融与水神共工大战时，共工撞断不周山，使得天塌地陷，江河泛滥，女娲为救万民，用五彩石补天时不慎遗落一块在海边，这就是花斑彩石的传说，也有称它为“女娲靴”的。相传秦始皇东巡到东山成山头祭拜日主的时候曾慕名而来，专程礼拜花斑彩石。

[女娲补天——彩盘釉画]

花斑彩石是一部海洋神话传说集

沿着海岸通往花斑彩石的小桥，来到花斑彩石之下，你会发现它的每个角度的形态都各有千秋，而且据当地人介绍，花斑彩石上变幻莫测的图案、造型，每一处都好似有一个神话故事：

凹陷岩坑被称为“洗澡盆”，传说是龙王妃子洗澡的地方；犹如“太师椅”形状的地方，传说龙王坐上去就能呼风唤雨；还有“三仙姑的梳妆台”“嫦娥奔月”“万年古树”……细品每一处变化，犹如一部海洋神话传说集。

现代著名书法家王同光到此浏览之后欣然挥笔：“玛瑙琥珀堆成，文章云锦织出。鬼斧神工难就，世人惊叹绝睹。”

[花斑彩石]

海鸟天堂，世外桃源

海驴岛和鸡鸣岛

在山东半岛最东端的好运角旅游度假区中有两座小岛：一座长得像瘦驴，是海鸟天堂；一座长得像雄鸡，宛如世外桃源。

海驴岛和鸡鸣岛是两座相邻的岛屿，彼此间有着千丝万缕的联系。

另一传说：当年猪八戒用扁担挑着一只鸡和一头驴去往高家庄求亲，过海时因天将破晓，鸡鸣驴叫，不慎将鸡和驴落入海中而化为鸡鸣岛和海驴岛。

海驴岛和鸡鸣岛的传说

相传，二郎神奉玉帝命令给东海龙王送珍禽异兽，他挑着扁担，一边装着西域幼驴，一边装着北国雄鸡，为不惊扰凡界便在夜间赶路，在即将到达东海之际，没想到天已蒙蒙亮，雄鸡一声长鸣，二郎神惊慌中折了扁担，来不及收拾就匆匆隐去。被扔下的雄鸡和幼驴化成了两座海岛，从此便有了海驴岛和鸡鸣岛。两岛之间有一根石柱，后人称为“扁担石”。

[扁担石]

[海驴岛，如一头瘦驴卧在海中]

海驴岛——海鸟天堂

海驴岛位于成山头西北海域 4 海里处，如一头瘦驴卧在海中。这里是海鸟栖息、产卵、繁衍的天堂。隔着大海望去，一群群海鸥在小岛的上方盘旋着，而当地人称海鸥为海猫子，所以此岛也有海猫岛一说。

[黄嘴白鹭]

据不完全统计，海驴岛上仅世界级珍稀鸟类——黄嘴白鹭就有近 2000 只（全世界仅有 3000 只左右），且全部属于野生自然状态。

荣获第 28 届中国电影金鸡奖最佳纪录片的“中国首部原生态鸟类故事影片”《天赐》，全部取景于海驴岛。

[崖壁上的石刻]

海驴岛以天然秀美的海岛风光为依托，建有游客观鸟台、钓鱼台、穿山隧道、盘山小径和听涛轩等。

鸡鸣岛——世外桃源

[红白相间的灯塔]

鸡鸣岛山顶有一座红白相间的灯塔，几十年如一日地矗立在这儿，为鸡鸣岛的村民指引航向，用一种无声的守护为海岛站岗。

鸡鸣岛距离成山头约 2000 米，海岛形状很像一只雄鸡，面积约 0.31 平方千米。

鸡鸣岛一直以来都是一个默默无闻的世外桃源，据清人徐珂编写的《清稗类钞》记载：“……孤悬大海中，明代曾置卫所，大兵入关，农夫野老不愿剃发者类往居

[鸡鸣岛]

［鸡鸣岛］

之。岛田腴甚，且税吏绝迹，俨然一海外桃园。光绪甲午中日之战，海军中人有巡至其地者，岛始发见……”

鸡鸣岛一直以来很少有人关注，直到成为 2013 年真人秀节目《爸爸去哪儿》第四站的拍摄地点，节目播出后，这里的宁静被打破，成了热门景点。

明代初期，为抵御倭寇对海上的侵略，朱元璋在沿海设立了密集的海防前哨。当时的鸡鸣岛地处威海卫、成山卫的中间位置。鸡鸣岛上有 3 个炮台，布置在 3 个方向，每个炮台都由临时弹药库和发射平台组成。与威海卫、成山卫的炮台互为犄角，构建了完整的海防网。

在战争年代，鸡鸣岛炮台弥补了威海卫和成山卫炮台射程不足的问题，是当时的战略要地。

［鸡鸣岛悬崖咖啡厅］

该悬崖咖啡厅临海而建，伴随美妙的音乐悠扬宛转，优美的旋律萦绕在整个海岸，使人陶醉其中。

中国海岸线第一高峰

崂山巨峰

山海、天象、山林、奇峰、怪石、人文胜景构成了崂山巨峰雄伟壮美、离奇多变的绝顶风光，让人流连忘返。

崂山巨峰又称崂顶，位于山东省青岛市崂山区境内，是一座由巨大的岩石层叠而起的石崖，海拔1133米，雄峙如城，是崂山的主峰，也是中国万里海岸线上的第一高峰。

有4条路可以通往极顶

崂山巨峰经过亿万年风雨的剥蚀，呈现庄严粗犷的面貌。在巨峰极顶有一块几尺见方的岩石，名为“盖顶”，又称“磕掌”，仅能容纳三四人。巨峰周围奇峰竞秀，灵旗峰、小巨峰、五指岳、柱石高、龙穿崮、美人峰环列四周。

崂山巨峰山势陡峭，攀登艰难，前人在极顶处建立了一座高约10米的圆形“望楼”，在石罅间凿石为阶，游客拾级而上，远眺俯瞰，山光海色尽入眼底。

[神龟]

崂山巨峰不像华山或泰山那样只有一条路通往极顶，这里有4条攀爬路线：东由上清宫或明霞洞上

[石刻“海上名山第一”]

这是我国著名书法家武中奇先生95岁时为崂山题写的，“海上名山第一”笔力苍劲，犹如游龙飞凤。

行；西从柳树台东上行；南从烟云涧上行；西北由鱼鳞口向东南攀行，均可抵达极顶。除此之外，还可以乘坐索道直达极顶。

极顶美景

置身极顶可远眺碧波万顷的黄海、如珠似玉的海岛以及层峦叠嶂、万峰竞秀的山景。运气好的话，还可以看到著名的云海奇观、彩球奇观和旭照奇观。

崂山位于山东省青岛市，海域面积为3700平方千米。这里是温带大陆性季风气候，雨水非常丰富，冬天不会感到特别寒冷，夏天也不会感到特别酷热，有“海上第一仙山”的美誉。

云海奇观：春夏交替时，缥缈的云雾在山峰间飘浮游动，环顾四周，茫茫一片，让人无法看清身边同行者的面貌，朦朦胧胧，妙趣横生。瞬间红日当空，秀峰呈现，景象使人目眩神迷。

彩球奇观：盛夏雷雨季，在群峰之巅，电闪雷鸣之际会忽然看见一群群彩色小“火球”从密云间蹿出，在山峦上滚来滚去，如彩灯竞丽、金龙腾空，当地人称为“崂山火球”“云海之花”。

[巨峰“盖顶”]

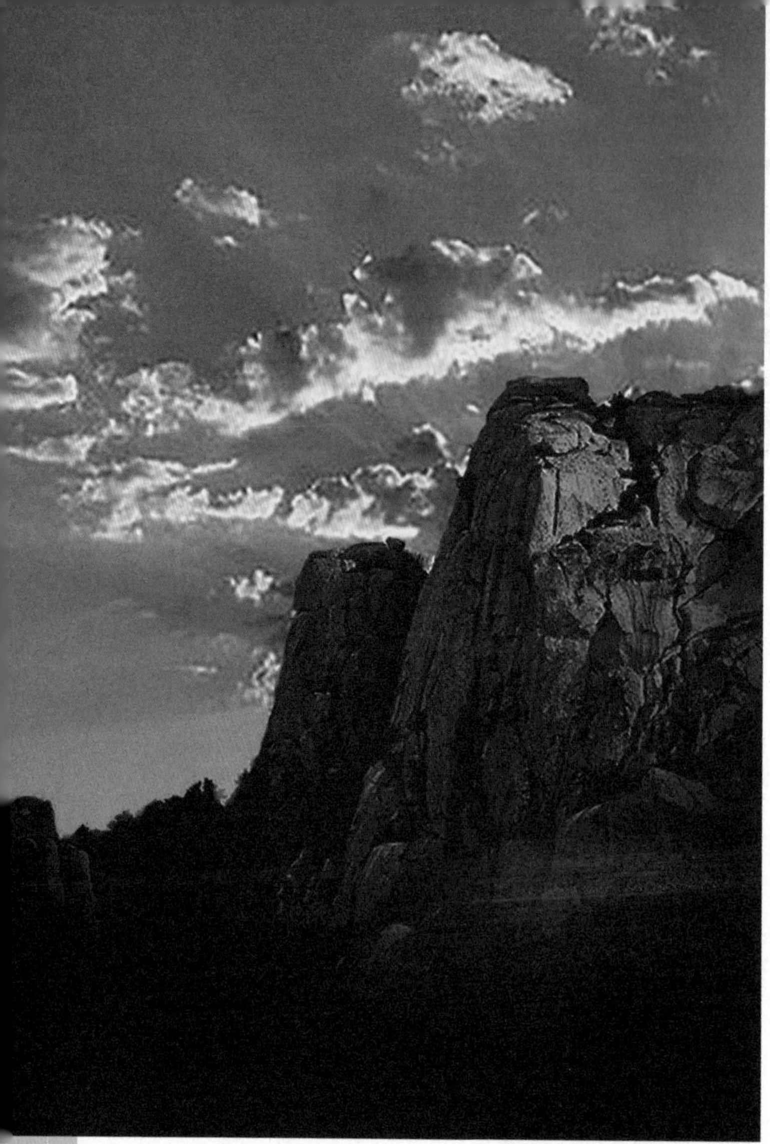

旭照奇观：在巨峰极顶，每年“五一”国际劳动节前后凌晨4时许，旭日在海天相连之处轻轻探出海面，忽而淡黄，忽而橙黄，忽而橘红，忽而金红，接着一道弧彩光圈，亮度逐渐加强，变成金色的圆盘跳出海面，这时身边的一切都笼罩在金色的阳光里，让人恍若置身于蓬莱仙境，妙不可言。

巨峰山顶环周长有约6千米，按8个方位组成八卦阵门，分别是：乾、坤、艮、兑、震、巽、坎、离，不知是古代先贤遵从天意而创《易》，还是造化之神天遂人意而朔山，各处风景让人惊叹。

[旭照奇观]

“巨峰旭照”为崂山十二景之冠。

崂山巨峰有一个不得不看的奇观，名叫银峰晶挂。这个奇观一般出现在隆冬，登上巨峰，只见在阳光照射下，山峰一片洁白，形状各异的植物都披上了晶莹的冰衣，仿佛是一个通体透明的水晶世界。

崂山巨峰在云海之中若隐若现，如果再加上日出光照，美得令人炫目，这种日出海上的景致，崂山巨峰独有。

[巽门]

[艮门]

黄海之滨，人文仙境

崂山仰口湾

“山海相，海天一色，黄海之滨，人文仙境。”这句话描写的便是仰口美景，它有着“仙山胜境、洞天福地”的美誉。

仰口湾属于青岛崂山景区，从崂山太清宫、棋盘石沿滨海的环山公路或滨海大道，经崂山劈石口均可到达仰口的崂山脚下：一边是新月形的仰口湾；一边是群峰峭拔的崂山。

[崂山绿石]

崂山绿石产于山东省青岛崂山东麓仰口湾畔，佳者多蕴藏于海滨潮间带。我国著名书画家刘海粟 90 岁寿辰时得到一方崂山绿石，高兴地说：“千金易得，一石难求！”由崂山绿石雕琢的工艺品很有收藏价值，深受中外游客的青睐。

美玉绿如墨

仰口湾三面靠山，东临大海，海湾沙滩上金灿灿的沙平坦且细软，坡度平缓，长约 2.2 千米。在白帆点点海云间，远处的海岛分别叫“大管岛”“小管岛”和“兔子岛”。

在仰口湾，如果有缘的话，还可邂逅清代著名翰

[海市蜃楼]

[仰口湾]

仰口景区的主峰在崂山众山峰之中海拔不是很高，只有 400 米左右，身强力壮的年轻人 50 分钟就能登顶。

仰口海水浴场位于崂山东北麓，南北分别为泉岭和峰山，沙滩宽阔平缓，长约 1200 米，沙子细软，海水清澈，为著名的休闲胜地。

林尹琳基笔下描写过的、奇异神秘的“海市蜃楼”自然景观。

仰口湾除了有山海一色的美景，还有美玉绿如墨，在湾畔有两条颜色特异的石脉蜿蜒入海中：一条偏向东南方，石质稍软，颜色呈翠绿；一条偏向东方，石质稍硬，颜色呈墨绿。石脉越深，质地越好，色泽越纯，这就是有名的崂山绿石，又名崂山绿玉，俗称海底玉。

仰口，仰口

相传，古时候有位年轻樵夫上山砍柴，望见棋盘石上有两位老者在下棋，只见棋子在棋盘间飞来飞去，但始终未见两位老者动手，也未听到老者言语。

樵夫见棋子瞬息万变，一时入迷，未有去意，一会儿之后，一位老者对樵夫说：快回家吧，小兄弟，年代很久了。樵夫不解，回到家中后见自家房屋早已破旧不堪，更不知亲人去向何处，樵夫瞬间如梦初醒，明白了“年代很久了”的含义。

于是他追到海边，见两位老者已脚踏浪尖飘然东去。樵夫急叫道：“仙师，等等我！”一位老者回头笑道：“你若能跟上来，便带你走！”

樵夫奋力朝海中追去，脖子、下巴都被海水淹没了，他奋不顾身地在水中挣扎着，那位老者见樵夫心诚意坚，便说道：“仰口，仰口。”樵夫闻声仰起口来，刹那间身体飞升起来，紧随那位老者身后，成仙而去。这个地方也就成了“仰口”。

太平宫道观

仰口湾有崂山仰口风景区的入口，如果身体允许的话，建议选择步行登山，沿途风景很美，坐缆车会错过很多美景。这里最有名的景点就是太平宫，这是一座道观，是善男信女祈祥纳福的宝地。

[石阶右侧石刻：华盖迎宾]

华盖迎宾

进入景区，沿着苍松翠竹掩映的石阶往上走，会看到石阶旁各有一棵300多岁的赤松，就像是在欢迎远道而来的客人。据说，它们是在明末清初重修太平宫时栽植的，因其树冠繁茂，如同华盖，故称为“华盖迎宾”，在两棵赤松旁的巨石上分别刻有“疑是幻境”“华盖迎宾”几个字，这是仰口八景之一。沿石阶而上就是太平宫的宫门了。

[石阶左侧石刻：疑是幻境]

太平宫

太平宫始建于宋代建隆元年，是宋太祖赵匡胤敕封崂山道人刘若拙为“华盖真人”后拨款修建的。相传陈桥兵变后，赵匡胤登基做了皇帝，为了粉饰太平，请得道高人刘若拙进京谈玄论道，刘若拙还山时，赵匡胤敕封他为“华盖真人”，并拨巨款敕令他回山重修太清宫，新建上清宫和上苑宫，连后面那座山也命名为“上苑山”，意为皇上所赐。道观竣工

[太平宫山门]

[狮子峰]

狮子峰位于崂山仰口景区内的太平宫东北，因峰顶巨石背山面海，像一头威猛凶悍的雄狮张口傲视沧海群山而得名。仰口有两个地方可以看日出：一个是狮子峰，另一个就是仰口海滩。要看日出，建议提前一天住到这里的旅馆、民宿。

后，赵匡胤已驾崩，新皇帝赵光义继位，改年号为“太平兴国”，上苑宫也更名为“太平兴国院”。南宋末年，位于杭州的都城被元军攻下，南宋皇妃谢丽、谢安逃到太平兴国院后面的塘子观出家修道，此后“太平兴国院”更名为“太平宫”，并一直沿用至今。

白龙洞

白龙洞位于仰口景区太平宫北的白龙涧内，相传在山洼中有洞，洞前有一个深潭，潭中有一条白鳝在此修炼，但一直无法修成正果。一日，张果老骑着毛驴路过此地，顺手点化了白鳝，白鳝因此变成了一条白龙腾空而去。从此山洞被称为“白龙洞”，张果老经过的桥称为“仙人桥”，洞外潭为白龙涧和白龙潭（湾）。张果老倒骑着的那头毛驴在桥边石头上留下的“蹄印”到现在还清晰可见。

崂山形成于亿年前的白垩纪，经过漫长的岁月形成了雄伟、壮观、奇特、秀丽的地貌形态。有故事、传说和刻石的洞窟很多，如犹龙洞、混元石、眠龙石、鳌老龙苍、寿字峰、觅天洞、神龟探海……

[龙涎泉]

太平宫西院中的这口泉名叫“龙涎泉”，是崂山名泉之一，大旱 3 年水不涸，大涝 3 年水不溢，水质清冽甘醇。

[鳌老龙苍]

[石老人]

石老人是中国基岩海岸典型的海蚀柱景观，于1692年被发现。

稳坐海中的老人

崂山石老人

这里气候宜人，空气清新；城中有海，海中有城；背靠崂山，面朝大海。

在青岛市崂山区石老人村海域的黄金地带，距离岸边大约百米的地方有一块17米高的奇石，其造型特别像是一位老人坐在碧波之中，所以得名“石老人”，其实这是典型的海蚀柱自然景观。如今它是国家4A级景区——石老人观光园，景区内有海水浴场、茶园、逍遥谷、天街等休闲娱乐景观，还有文武阁、天运殿等宗教景观供游客参观游览。

[石老人观光园]

石老人观光园以石老人的传说为依托，面向碧波万顷的大海，背倚连绵起伏的崂山，将大自然的美景、动人的神话传说和现代高效农业生产有机地融合在一起，颇具特色。

[天街]

石老人海滩上的石头与其他海滩上的砂石完全不同，这里的砂石不是光滑的，很多砂石和鹅卵石上面都有各种贝壳吸附着。

[石老人海滩上的铁锚雕塑]

石老人海水浴场

青岛市有各种特色的海水浴场，石老人海水浴场位于崂山区海尔路南端，南邻极地海洋世界，东部可眺望海中的巨石——石老人。

石老人海水浴场虽然距离市中心较远，但有着绵长而细腻的沙滩、蔚蓝的大海，还有较多的礁石，浴场全长达 3 千米，是游客拍照游玩的好去处。这里也是青岛市最大的海水浴场之一，每年到了夏季，石老人海水浴场就挤满了人。

石老人海水浴场东边平时游客并不多，当地人都知道早上有很多小渔船停靠在这里，可以购买到新鲜的海鲜。

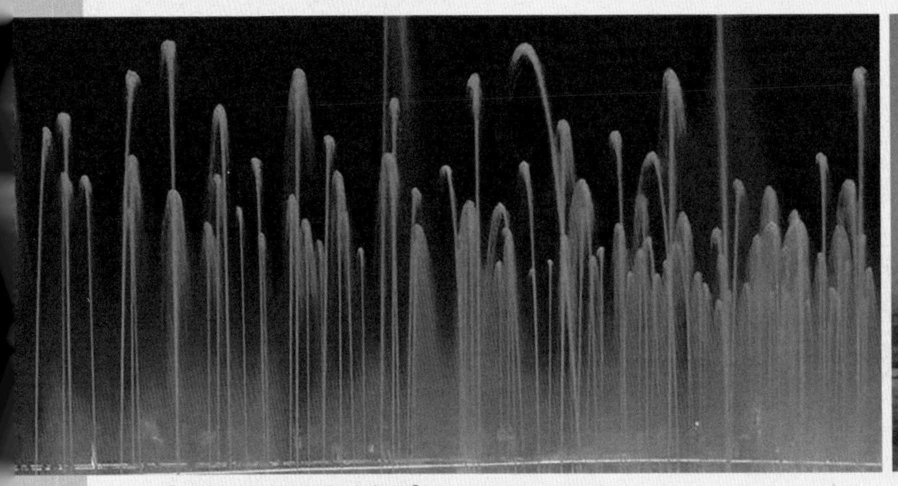

[石老人海水浴场周边夜景]

石老人海水浴场周边的设施、环境很好。到了晚上，夜景很美，还有音乐喷泉。

[东方小冰岛]

注意：每月的农历初一至初五为大潮汐，农历初六至十二则为小潮汐，而初九或二十四为最小潮汐。

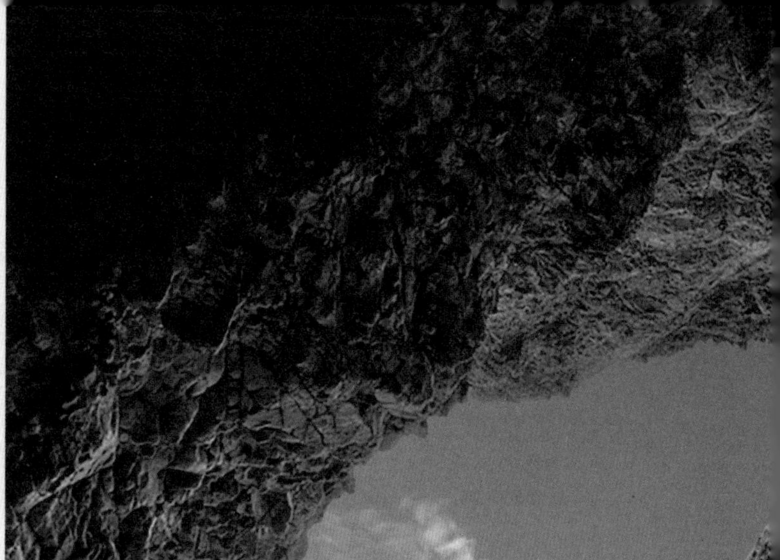

东方小冰岛

落潮时，从石老人海水浴场不远处的房车营地，跟着赶海的渔民往海的方向走，就能找到一个正对着石老人的岩洞，岩洞很小，但是在岩洞内拍出的石老人照片却很美，如“大片”一样，感觉就像在冰岛，有人因此将其比喻为“东方小冰岛”。随着美照在网上流传，这里成了青岛的网红打卡地。

青岛的“富人区”

石老人不仅仅因为海水浴场而知名，这里还紧

[石老人海湾沿岸]

[金灿灿的海滩]

这里海水清澈透亮，阳光洒在浅滩处的水面，透入水下的沙面，金光灿灿。

青岛几乎没有正南、正北的路，以至于很多人在青岛分不清方向。

靠青岛的“富人区”，对任何一个海滨城市来说，沿海一线都是黄金地段。青岛这座城市也是如此，从老城区一直向东到崂山一线有无数的美景，是青岛城市旅游的精华。从石老人海滨向西望去，分布着许多豪宅，其价格超出了老城区。相比老城区来说，这里环境好，没有那么拥挤，出门就是大海，是青岛最美的海滨风景地之一。

[石老人海滩上的风帆雕塑]

关于石老人的传说

在当地一直流传着一个有关石老人的美丽传说。

从前，在崂山脚下住着一位老人和他的女儿，他们以打鱼为生，生活过得平淡且幸福。有一天，龙太子看中了老人的女儿，强行将她抢入了龙宫。可怜的老人日日夜夜守在海边，叫天天不应，叫地地不灵，只能苦苦地对着大海呼唤着女儿。他直盼得两鬓全白，仍守候在海边，望眼欲穿。

龙王担心老人的行为会惊动天庭，就施展法术将老人的身体僵化成石。

老人的女儿得知了父亲的消息后，拼死冲出了龙宫，奔向自己的父亲。龙王又施法把她化作一块巨礁，孤零零地定在海上。后人就将其称为老人石和女儿礁（女儿岛），用来纪念这对父慈女孝的父女。

并不只有一处“石老人”，崂山内似人形状的象形石还有很多，只是缺乏宣传，名气不够大而已。

活体牡蛎堆积岛

蛎岈山

蛎岈山是由有“神赐魔石，海中牛奶”之称的活体牡蛎堆积而成的生物岛礁，它入水为礁，出水为岛。

[蛎岈山美景]

蛎岈山又被称为“沉浮山”，位于江苏省南通市海门市东灶港东南约 4000 米的黄海中，它似山非山、似岛非岛，由黄泥灶、泓西堆、大马鞍、扁担头、十八跳等大小不等的 30 余个牡蛎堆坨积而成，整体呈东西走向，长约 2.65 千米，南北宽约 1.67 千米，处在南黄海潮间带。

鲸游蛎岈山

据当地老渔民说，这里是被神佛庇佑的地方，观世音菩萨 、阿弥陀佛常在黑暗中脚踩尖锐的蛎岈壳来到此地，为渔船指明方向，救

[礁石上的牡蛎]

难解危；每当农历六月十九日观世音菩萨出家之日，四海龙王和各路神仙都会聚集到蛎蚜山顶礼膜拜；观音坐下的鳌鱼精常年在深潭里，一心念经拜佛，祷告蛎蚜山海上平安；更离奇的是，每年 6 月 18—20 日（按潮水变化），东洋大海里几百条鲸必定成群结队、前呼后拥地赶来蛎蚜山海域。鲸游蛎蚜山的景色蔚为壮观，至今都是一个谜。

赶海抓牡蛎

蛎蚜山的“蛎”就是牡蛎的蛎，当地人称牡蛎为蛎蚜，蛎蚜山由牡蛎活体和各种海洋生物构成，是一座天然两栖生物岛。

蛎蚜山的牡蛎与法国、瑞典海边峭壁上附着的大牡蛎不同，这里的牡蛎个头小，完全野生，长在礁石上，

宁波人称这种蛎蚜为“蛎黄”，没有壳，灰色的，很软，吃前冲洗一下，凉开水一过，放生姜末，蘸米醋吃，味鲜肉肥。

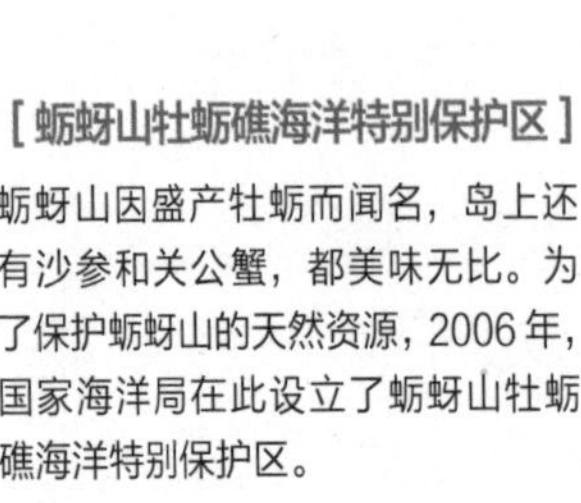

[蛎蚜山牡蛎礁海洋特别保护区]

蛎蚜山因盛产牡蛎而闻名，岛上还有沙参和关公蟹，都美味无比。为了保护蛎蚜山的天然资源，2006 年，国家海洋局在此设立了蛎蚜山牡蛎礁海洋特别保护区。

[“华夏第一龙桥”题字]

每天退潮时浮出海面，渔民会趁着退潮，用一把小刀把牡蛎坚硬的壳撬开一半，一半留在礁石上，挖出肉来，放入木桶里，当地人将这个过程称为劈蛎蚜（如今野生的牡蛎越来越少，已经开始控制劈蛎蚜了）。

蛎蚜山是个赶海抓蛤蜊的好地方，沙滩上的沙子很细腻，潮水退却后，夕阳照射下的沙滩显得多变而美丽。沙滩上布满了小孔洞，里面或许有蛤蜊、小沙蟹、黄泥螺。只需学着当地人的样子，脱下鞋，光着脚丫，用脚踩泥沙，就能把蛤蜊逼出沙洞，不一会儿就能抓满一袋蛤蜊，或者小沙蟹、黄泥螺等。

[华夏第一龙桥]

华夏第一龙桥

蛎蚜山岛中央的最高处就是礁石遍布、长满蛎蚜的山头。古时候需要乘船去往蛎蚜山劈蛎蚜，如今有一座总长 4500 米、宽 7 米，如长龙一般的大桥横卧于东灶港和蛎蚜山之间，这是当地人为方便登岛而建造的龙桥，号称华夏第一龙桥，有了这座龙桥，渔民劈蛎蚜和游玩蛎蚜山比以前更方便了。

观赏海洋鸟类的最佳去处

崇明东滩湿地

这里的滩涂上布满了芦苇，还有蓝天白云和青青绿草，给人最大的感觉是干净、清静，连空气都是清新的。

崇明东滩湿地位于上海市崇明岛的最东端，面积为326平方千米，南北濒临长江的入海口，向东缓缓伸向浩瀚的东海。一望无际的芦苇布满了整个滩涂，拥有丰富的底栖动物和植被资源。

上海崇明东滩湿地公园东南部有片芳草地，旁边有一片单层木质结构的草顶建筑，用于给游客提供咖啡、茶点和休息的地方。在芳草地旁边有一片质地柔软的草坪，允许儿童追玩游乐。

［崇明东滩湿地］

［黑鹳］

黑鹳是一种体态优美、体色鲜明、活动敏捷、性情机警的大型涉禽。性孤独，常单独或成对活动在水边浅水处或沼泽地上，有时也成小群活动和飞翔。黑鹳是一种迁徙鸟，但在西班牙大部分留居。

鸟类的天堂

崇明东滩湿地位于长江入海口，处于我国候鸟南北迁徙的东线中部，是东亚最大的候鸟保护区之一，有记录的鸟类达312种，迁徙水鸟达上百万只。其地理位置十分重要，每年的11月底到次年的2月，这里会成为候鸟迁徙的中转站，也是水禽的越冬地。

崇明东滩湿地内有国家一级保护动物 4 种，其中鸟类有 3 种：东方白鹳、黑鹳、白头鹤；国家二级保护动物 43 种，仅鸟类就达到 35 种，如黑脸琵鹭、小天鹅、小杓鹬、小青脚鹬等；属“中日候鸟保护协定”的有 167 种；属“中澳候鸟保护协定”的有 51 种；列入《中国濒危动物红皮书》的水鸟有 12 种。

[东方白鹳]

东方白鹳属于大型涉禽，是国家一级保护动物。常在沼泽、湿地、塘边涉水觅食，主要以小鱼、蛙、昆虫等为食。性宁静而机警，飞行或步行时举止缓慢，休息时常单足站立。

芦苇丛中听鸟鸣

崇明东滩湿地位于海洋、河流、陆地和岛屿的交汇地带，由大量的泥沙沉积而成，是长江口地区规模最大、

[黑脸琵鹭]

[小杓鹬]

[白头鹤]

白头鹤在中国内蒙古、乌苏里江流域繁殖，在长江下游越冬。

[小天鹅]

崇明东滩湿地是我国小天鹅最大的越冬栖息地，每年到这里越冬的小天鹅数量达 3000 ~ 3500 只。

崇明东滩湿地的鸟群主要有 4 种，分别是鸻鹬类、雁鸭类、鹤类和鸥类。

2002 年 2 月 2 日（国际湿地日），崇明东滩湿地被正式列入《拉姆萨尔公约》中的国际重要湿地名录。

[崇明东滩湿地潮沟]

崇明东滩湿地分布着密密麻麻的潮沟，这里是亚太地区水鸟迁徙的重要通道。

最完善的湿地类型自然保护区。这里的植被非常简单，主要有芦苇、藨草和海三菱藨草，但是植被面积却非常大，给这里的各种生物提供了良好的生长环境。

在崇明东滩湿地内，有木栈道通往滩涂芦苇丛深处，不仅可以徒步，还可以骑行，沿着木栈道可以看到湿地湖泊，以及木栈道两侧种植的各种美丽的鲜花。一路前行，听着远处的鸟声，看着芦苇丛随风摇摆，人们的心情也会变得非常舒畅。

中国的第三大岛

崇明岛成陆已有 1300 多年历史，是上海生态环境最好的一个地方，全岛地势平坦，土地肥沃，林木茂盛，物产丰富，是有名的“鱼米之乡”，被誉为“长江门户、东海瀛洲”。其地处长江口，现有面积为 1269.1 平方千米，海拔 3.5 ~ 4.5 米，是中国的第三大岛，也是中国最大的河口冲积岛和最大的沙岛。

[通往滩涂芦苇丛深处的木栈道]

“蓝眼泪”奇观

渔山岛银河夜景

这里是众多名人多次“打卡”的宝藏海岛，还是亚洲第一钓场，最重要的是，这里有海洋奇景“蓝眼泪”……

[渔山岛美景]

渔山岛位于浙江省宁波市，分南渔山岛和北渔山岛，是渔山列岛众多岛屿之一。渔山列岛有众多的岛屿和海礁，包括北渔山岛、南渔山岛、伏虎礁、高虎礁（岛）、尖虎礁、仔虎礁、平虎礁、老虎屎礁、竹桥屿、多伦礁、观音礁、坟碑礁、大白礁、小白礁、大礁。

渔山岛上无沙滩，仅有一小块地方可以游泳。渔山岛适宜露营，在海边上扎营，以天为盖，听着海浪入睡，相当舒服，早上睁开眼睛就可以看到日出。

亚洲第一钓场：水至清却有鱼

人们常说的渔山岛指的是北渔山岛，该岛面积不大，仅 0.5 平方千米，岛屿最高峰海拔 83.4 米，渔山岛是一座没有被过度开发的岛屿，到目前为止还保持着原汁原味：礁石、海岸、海苔……到处散发着海岛的独特魅力。

亚洲海钓节每年都会在渔山岛举办。

这里的海水透明度达到 10 米以上，有句俗语说“水至清则无鱼”，但是在渔山岛，这句俗语却不适用。因为在渔山岛，只要你随随便便扔个钩子到水里，不管会不会钓鱼，都会很轻松地钓到鱼；或者找张渔网，往里面塞点淡菜或其他杂碎，再随手扔进海里，用不了多久，便可以打捞上来一网鱼。因此，这里也被称为“亚洲第一钓场”，常年有钓鱼爱好者来此垂钓。

目前，北渔山岛有居民居住，南渔山岛则成为部队的炮击靶场。据当地人介绍，每次要打靶时，都会通知北渔山岛的居民钻进防空洞。

远东第一大灯塔

渔山岛有一座被誉为“远东第一大灯塔”的渔山岛灯塔，这座灯塔所在海区是我国渔山海域南北行船的必经之地，因为海岛地理位置的重要性，渔山岛灯塔始终是该海区的主要导航设施。

渔山岛灯塔上的特等镜直径为 2.66 米，高 3.6 米，重 15 吨，是由法国巴黎的巴比尔公司特制，为当时世界特等镜之最。

［渔山岛灯塔］

渔山岛海域海况复杂，经常有海船失事，仅据地方志述载，清朝光绪九年（1883 年），华轮“怀远”号、德轮“扬子”号两船在该岛附近失事，死 165 人。清朝光绪二十一年（1895 年），上海海关耗银 5 万两在此建了一座灯塔，当时仅有塔身和灯器。第二次世界大战期间，灯塔被日军侵占，1944 年毁于战事。如今的灯塔是 1985 年在原址上重建的。百来年，渔山岛灯塔就这么默默守望着渔山岛，看着日出日落，船来船往，如今成了渔山岛最亮丽的一道风景线。

渔山列岛处于南北洋流交汇带，鱼类、贝类、藻类资源丰富，共有海洋特产 300 余种。

仙人桥

在渔山岛环岛步行一圈也就花费 1 小时左右，即使是慢慢悠悠地闲逛，2 小时出头也足矣。沿着灯塔右下方的海岸线行去，不远处就是渔山岛有名的景点——仙人桥，说是“桥”实际上并非桥，而是一座临海悬崖在

[仙人桥]

[五虎礁]

千百年海浪拍打下形成的一道巨大的岩石“门洞”，高20多米，宽30多米，从远处看似一座横跨于大海之上的桥。伏“桥”俯视，涛卷浪翻，声如雷鸣，“桥”似颤未颠，大有即刻倾覆于百丈涛谷之感。

关于“蓝眼泪”

“蓝眼泪”是一种介形虫，当地人称为海萤。它是一种生活在海湾中的微小浮游生物，身上会发出蓝色的荧光。海萤身体之所以会发荧光，是因为它的体内有一种叫发光腺的奇特构造，一旦受到海浪的拍打，便会发出浅蓝色的光，十分漂亮。它是靠海水的能量生存的，但是随着海浪被冲上岸时，离开海水的蓝眼泪只能生存不到100秒，随着能量的消失，蓝眼泪的光芒失去，它的生命也就结束了。

五虎礁

站在北渔山岛的东面，可以看见当地另一个有名的景点——五虎礁，其雄踞海疆，是我国领海基线之一，分别为伏虎礁（包括紧贴其身的仔虎礁）、尖虎礁、高虎礁（岛）、平虎礁、老虎屎礁（其实是由8座大小不一的岛礁组成，因角度关系其余3座被遮挡了）。五虎礁沉浮于渔山岛不远处的海面，在汹涌波涛之中的“五虎”更显出它们的雄健之势。游客无法登陆其上，只能站在北渔山岛远观，尤其在日出的时候，晨晖染红整片大海，五虎礁则更显威武，它们犹如踩踏着鲜血一路狂奔……

神奇的“蓝眼泪”

渔山岛最值得推荐的不是灯塔，也不是仙人桥和五虎礁，而是“蓝眼泪”，这个美景不是你想看就能看到的，它们可望而不可即……

“蓝眼泪”是指每年的六七月出现在渔山岛海面上的一种自然奇观。当黑夜降临，海岛变得很孤独，除了海风轻声细语，没有其他声响。一只只蓝色的神奇生物在礁石边一点点聚集，布满在海岸线上，远远看去，好像是海面上升起了蓝色的雾气，宛若星光、月光、灯光、蓝光，这种奇幻的自然景观让人有种误入另一个星球的感觉。

［奇景“蓝眼泪”］

渔山岛远离繁华陆地，没有光污染，是欣赏星星、拍摄星空的好地方，以夏天最佳。

如意娘娘

据当地传说，古时候渔山岛上有位渔家女，她生性善良。有一天，海上突卷巨浪，眼看出海捕鱼的父兄和乡亲有难，渔家女奋不顾身地冲向大海，不久，出海的父兄和乡亲回来了，但是她却再也没有回来。

村民发现在渔家女下海的地方浮起一段木头，于是将它雕成一尊佛像，并建“如意娘娘”庙供奉。“如意娘娘”带给了当地渔民战胜惊涛骇浪的精神力量，据说“如意娘娘”是“妈祖娘娘”的妹妹。

“如意娘娘”的信仰是在宁波、台州、温州沿海一带渔民劳作及祈求平安中逐渐产生的，如今在石浦一带的省亲迎亲习俗，就是由“如意娘娘”的信仰催生的风俗，这是目前国家级“非遗”中唯一涵盖海峡两岸的民俗文化。

［如意娘娘庙］

放肆踏浪

渔寮沙滩

渔寮沙滩素有“东方夏威夷”之称，这里烟波浩渺，碧海金沙，不远处的船只散落在海面上，清新的海风扑鼻而来，人们可以抛开一切烦恼，尽情地嬉戏玩耍……

［渔寮沙滩］

渔寮沙滩位于浙江省温州市苍南县南部的渔寮乡境内，东临大海，南接霞关，北临赤溪，西毗马站。

渔寮沙滩平坦宽广，就像一块平铺着的地毯，走在上面柔滑而硬实。沙滩呈新月形，全长2000米，宽800米，有山青、水碧、沙净、海阔、浪缓、石奇等特色。渔寮沙滩还是我国东南沿海大陆架上最大的沙滩，属贝壳沙滩，可供数万人同时游玩，有沙滩卡丁车、沙滩排球和沙滩接力等活动，还可以晒日光浴，在砾滩拾贝等。

［“天下第一鲜”——文蛤］

宽阔平坦的渔寮沙滩上有“天下第一鲜”——文蛤，因没有污染，此地出产的文蛤是日本指定进口的海产品。

渔寮地名的由来

据记载，渔寮地处沿海，明朝时常有倭寇入侵，明洪武二十年（1387 年）起这里就设有卫所（相当于军事要塞）抵御倭寇入侵。明朝灭亡之后，郑氏家族依旧在浙闽一带抵御倭寇，保卫当地百姓安全，同时继续与清政府作战，清政府多次围剿，均因沿海百姓支援而未见效果。郑氏家族在郑成功的领导之下日渐壮大。

1661 年，也就是清顺治十八年，郑成功亲率 2.5 万名将士、战船数百艘，自金门出发，经澎湖，向台湾进军，与占领台湾的荷兰人展开激烈海战，郑军大获全胜。

郑成功收复台湾之后，形成了对清政府的反扑之势，为了防止浙闽沿海的居民接济郑成功，清政府下令，在沿海 10 里（5 千米）之内插上扦木，以此为界，居民必须迁入内地，清政府还将扦木界外的房舍一一烧毁。直到 1723 年才有柯姓和杨姓渔民从福建泉州迁居到了此地，搭建草棚，以捕鱼为生。因草棚也称为寮，所以这里便称为渔寮。

[郑成功]

音乐石

在渔寮沙滩的中部散落着许多大小不一的石头，这些石头看似平常，但是当你叩击石头不同的部位时，石

[音乐石]

[大乌龟岛]

头便会发出五音七律，如大鼓、小鼓、小锣等发出的不同声音。原来石头是空心的，如木鱼一样，能敲打出美妙的声音。

相传很久以前，村民黄阿洋家有一口很浅的古井，有一天，古井里的水如泉涌，变得很汹涌。黄阿洋觉得很奇怪，于是就跳进井里一探究竟，发现井底有一条路，便顺着这条路一直来到吕山。

黄阿洋见到了吕山老母，原来是吕山老母召唤他来此学法降妖伏魔。黄阿洋学法三年后，吕山老母送给他一件乐器法宝，并派一只大神龟送他回家，来到渔寮沙滩后，黄阿洋上岸时随手将法宝放在沙滩的礁石上，没想到石头受法宝感应，发出五音七律。

之后黄阿洋便利用法术为当地村民降妖伏魔，因为黄阿洋在兄弟之中排行第九，所以人们便称他为黄九师公。

大乌龟岛

在渔寮沙滩对面 800 米处有一座小岛，其外形好像一头大乌龟遨游在大海上。传说，这就是那只送黄九师公回家的大神龟，它因为迷恋渔寮的美丽风景，所以不愿回去了，从此便永远留在了渔寮。

[老君岛五彩礁石]

五彩斑斓的岩石

老君岛

老君岛由火山流纹岩构成，岩彩多呈五色斑斓的色纹，组成了一幅富有神韵的天然岩画，象形奇特，很是神奇。

老君岛别称老鹰山、老君礁，位于浙江省温州市苍南县赤溪镇东，与渔寮沙滩相邻，是一座近岸小岛，面积仅 0.02 平方千米，最高点为 50.6 米。

[老君岛]

当地人称老君岛为老鹰岛，因其从某个角度看，特别像一只收拢翅膀休息的雄鹰。

孙悟空打翻了炼丹炉

老君岛与大陆海岸线最近处约相距 500 米，其中 2/3 为五彩礁石，该五彩礁石结构镂空，似园林中常常使用

[太上老君的“照妖镜”]

[大圣庙]

的太湖石，具有极高的欣赏价值。相传，孙悟空打翻了太上老君的炼丹炉后，炉水掉落在海里形成此岛。传说终归是传说，但是岛上却真有一座大圣庙。

太上老君的“照妖镜”

老君岛东侧有一块直径 4 米的巨石，呈石榴状，黄白相间的底色上奇异地镶嵌着红色流纹，传说这是太上老君的“照妖镜”所化，特地留在岛上降伏海魔，保护渔民出海平安。

岛上还有许多天然石窟，怪石嶙峋，让人回味无穷，还有老君下凡、八仙过海、神猴拜观音、老君垄、湖井龙潭通老君等优美动听的传说。

[奇石镜]

一幅幅天然岩画酷似甲骨文，又像东巴符号和玛雅人的文字。

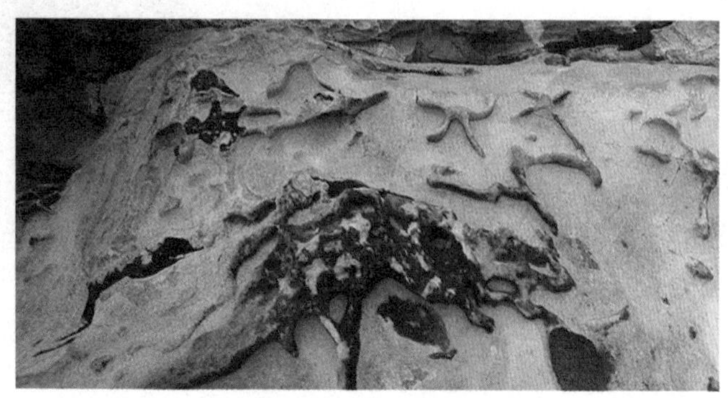

海天佛国

普陀山

这里被大海环抱，风景秀丽，气候宜人，有历史悠久的佛教文化，自古就有“海天佛国”“南海圣境”“人间第一清静境”之称。

普陀山位于浙江省杭州市，是中国佛教四大名山之一，也是我国首批重点风景名胜区。普陀山的佛教景点众多，有普济寺、法雨寺和慧济寺。除此之外，还有南海观音铜像、大乘庵、潮音洞、梵音洞、朝阳洞、磐陀石、二龟听法石等，其中最有名的就是南海观音铜像。

[普陀山石刻：海天佛国]

普陀山是中国四大佛教名山中唯一坐落于海上的。

普陀山的第一大寺：普济寺

普济寺又名“前寺”、不肯去观音院，是普陀山的第一大寺，位于普陀山白华顶南、岭鹭峰下，是普陀山的佛教活动中心。

普济寺的前身是有名的“不肯去观音院”。相传，唐朝时日本僧人慧锷从五台

[不肯去观音院]

［磐陀石］

磐陀石相传是观音大士说法处，石上有“磐陀石”（候继高书）“大士说法处”“金刚宝石”“西天”“天下第一石”等题刻。

山请到一尊观音像，通过海路归国，途经普陀山海域时，突遇铁莲花围船，刹那间浪起云涌，狂风大作，无法航行。慧锷只能抱着观音像上岸，当他来到普陀山后，海面一下子安静了下来，因此，慧锷在普陀山潮音洞建寺院供奉这尊观音像，这尊观音像也被尊为“不肯去观音”。

后来历朝几经扩建、摧毁，清康熙八年（1669 年），荷兰殖民者入侵普陀山，这座寺院除大殿未毁外，其余均荡然无存。清康熙三十八年（1699 年），修建护国永寿普陀禅寺，并赐额“普济群灵”，始称“普济禅寺”。

明神宗万历三十三年（1605 年），朝廷派太监张千来寺扩建宝陀观音寺于灵鹫峰下，并赐额“护国永寿普陀禅寺”，寺院规模宏大，一时甲于东南。

每年农历二月十九、六月十九、九月十九是当地的观音香会，香客们会来此地烧香拜佛，祈求风调雨顺，平安吉祥。那景象可以说是“海上有仙山，山在虚无缥缈间”。

泉石幽胜法雨寺

法雨寺又名后寺，也称护国镇海禅寺，坐落在普陀山白华顶左，是普陀山三大寺之一。法雨寺建于明万历八年（1580 年），因当时此地泉石幽胜，僧人结茅为庵，取“法海潮音”之义，取名“海潮庵”，明万历二十二年（1594 年）改名“海潮寺”，明万历三十四年（1606 年）朝廷赐名为“护国镇海禅寺”，清康熙三十八年（1699 年）将明朝故宫拆下后，在寺内

［普济禅寺匾额］

［二龟听法石］

[南天门]

进入普陀山山门，沿着海岸往短姑圣迹方向走，便是南天门的地界。普陀山南天门是一个不太大的景点，但是景观很精致：一座小庙供奉观世音菩萨。三块巨石天然形成的拱门，令人叹为观止。如果你想找一个清静的地方看海听潮，那么南天门是不错的选择。

[九龙宝殿]

盖了九龙宝殿，并赐“天华法雨”和“法雨禅寺”的匾额。此寺也因此改称“法雨禅寺”，一直沿用至今。

佛顶山上的慧济寺

从法雨寺经有 1088 级石阶的香云路，步行约 1000 米就能到达坐落于海拔 283 米的普陀山佛顶山上的慧济寺，它是普陀山海拔最高的寺院。

慧济寺俗称佛顶山寺，初建于明代，为普陀山三大寺之一。其颇有浙东园林建筑风格，为其他禅林所少见。慧济寺最早由明朝僧人圆慧初创，名慧济庵，到清乾隆时期有僧人将慧济庵扩建成慧济寺。该寺院深藏高岗林屏之中，清幽绝俗，走出山门不远，便可观幽奇诸峰、缥缈群岛，四周鸟语花香，令人恍若置身于诗画中。

[法雨寺]

［南海观音铜像］

普陀山上最具标志性的建筑要属南海观音铜像，其高达 33 米，形象为观音大士正在垂眸悲悯众生。

南海观音铜像

普陀山又称为补陀落伽，据说这里是观音菩萨应化的道场，素有“南海圣境”之称。从普济寺步行 20 分钟，就可到达普陀山最有名的南海观音铜像前，南海观音菩萨法相庄严，面如满月，左手持法轮，右手施无畏印，含笑慈悲视众生。

南海观音铜像位于当年慧锷留“不肯去观音”的潮音洞之上，其高 18 米，莲台为 2 米，两层地基为 13 米，加在一起是 33 米，如今已成为普陀山新的标志性建筑之一，在岛上很多地方都能远远望见南海观音铜像的身影。

南海观音铜像的来历

1993 年，普陀山的妙善大和尚路过观音跳三岔路口时，发现草丛里有一尊观音圣像和他面对着面，可是旁边却无人见到观音圣像，还有人说妙善大和尚眼花了。妙善大和尚认为这是观音给他的指引，并坚称自己看到了观音圣像。

从此之后，妙善大和尚便开始云游各地，募集了大量善款，最后在河南的一家铜加工厂建成了南海观音铜像。

早在 2000 年前，普陀山便是修道人的修炼宝地。古往今来，有许多道士前来此地修道、炼丹，现如今普陀山上还保留着炼丹洞和仙人井。

补陀落伽是梵语，翻译成中文就叫“小白花”；因为山上开小白花，所以就叫补陀落伽山。观音菩萨所住的宫殿就在这座山上。

观音文化节主要是以海天佛国深厚的观音文化底蕴为依托，弘扬观音文化为目标的佛教旅游盛会。观音文化节是当地最大的旅游节庆。它于 2003 年开始创办，每年都要在普陀山举办。

［观音跳］

海山雁荡

朱家尖

朱家尖与普陀山一起被列为国家级风景名胜区，是“普陀旅游金三角”核心区域的组成部分，与普陀山构成一“静”一“动”的互补格局。

朱家尖位于舟山群岛东南部的莲花洋上，历史悠久，据出土文物考证，早在商、周时已有人在境内居住。

[康熙皇帝]

“大大顺母涂，小小朱家尖”

在说朱家尖前，就得先说顺母村，这是一个位于朱家尖的小村，有个别名叫“十亩涂”，紧邻普陀山寺院。

历史上，普陀山寺院的庙产中有大量滩涂地，不少是历代朝廷作为对佛教的扶持而赐予的，还有的是地方官员捐资开垦的，当然也有寺院及僧人出资、出力开垦而得。

[普陀山寺院]

清康熙三十八年（1699 年），沿海地区刚解除海禁，百废待兴，又恰逢旱情，康熙南巡至杭州普陀山，正巧“慈云法雨，甘露祥风”，江南一带旱情为之一解，康熙大悦，普陀山高僧心古顺势请求他将顺母涂赐予普陀

[沙雕]

山寺院。心古是南方人，说话带有浓浓的方言口音，他将顺母涂说成了“十亩涂”。康熙爽快地答应了，心古见如此容易，又请求康熙将朱家尖赐予普陀山寺院。

康熙将朱家尖听成了“嘴角尖”，以为是特别小的岛礁，就说：“大大的十亩涂都给了，何惜一个小小的嘴角尖？”于是，朱家尖和顺母涂都成了普陀山寺院的庙产。“大大顺母涂，小小朱家尖”也就成了当地人口口相传的佳话。

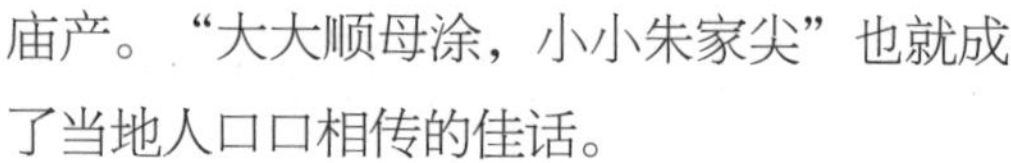

[乌石塘特色小吃——烤小螃蟹]

烤小螃蟹值得一尝，其味道极佳。吹着海风，喝着啤酒，吃着烤小螃蟹，真是人生一大享受。

远胜夏威夷的朱家尖海滩

朱家尖海滩的面积为 72 平方千米，其北离普陀山岛 2.5 千米，西与著名渔港沈家门隔海相望，两者相距约 2 千米。朱家尖海滩由白山沙、月岙沙、大沙里、漳州沙、东沙、南沙、千步沙、里沙、青沙 9 个如同金色绸缎般的沙滩组成，这些沙滩有岬角卫护，独立成景，一个接一个，组成庞大的链状沙滩群，全长 5000 多米，号称“十里金沙”。

各个沙滩之间岬角相拥，国际沙雕组织认为朱家尖

海滩的沙质和景观远远胜于世界避暑胜地夏威夷。

在这片美丽的海滩上每年都会举办国际特色沙雕展，沙雕爱好者会将海滩上不起眼的沙土变成一座座城堡、一个个惟妙惟肖的卡通动漫人物或让人意想不到的工艺品。除此之外，海滩上还有海滩滑沙、沙雕展游览小火车、沙滩嘉年华等活动，以及配套的购物与餐饮服务。

[沙雕]

乌龙传说

除了美丽的海滩之外，朱家尖还有遍布山、海、沙、石的大青山国家森林公园，以及观音圣坛，这些景点背后是一处乌石塘，上面铺满了乌石……

乌石塘以乌黑发亮的鹅卵石闻名，鹅卵石花纹斑斓，光洁可爱，小如珠玑，大如鹅卵，可与南京的雨花石媲美。

乌石塘还有一个动人的故事：相传乌石滩是乌龙的化身，它本是东海龙王的三太子，有一天，乌龙闲来无事，便溜出龙宫玩，被一群鲨鱼精围攻。在乌龙寡不敌众时，有渔民帮助它化险为夷。后来乌龙为了报答当地渔民，便化身为乌石滩守护着海塘。而乌石滩上的乌石便是乌龙的鳞片，每当大风将至，乌龙便会抖动着龙鳞，高声鸣叫，提醒当地的渔民赶紧归航。

千步沙的北端有一块巨石，每到潮水落去后，石头便会露出水面，上面刻有“听潮”两个字。

[乌石塘鹅卵石]

若躺在清凉光洁的砾石上望明月，聆潮音，遐思油然而生，恍入幻境，人们称此景为“乌塘潮音”。

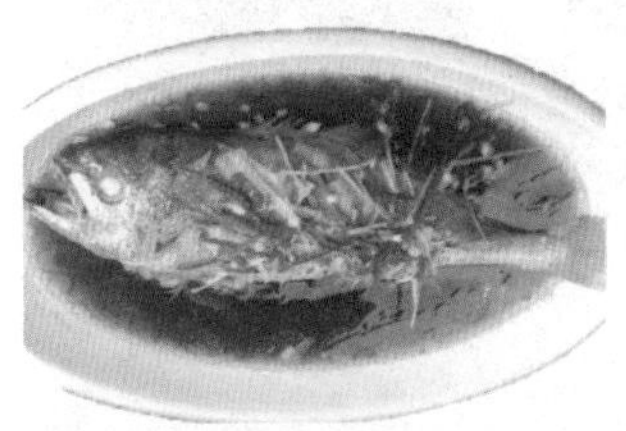

[葱油舟山白黄鱼]

[爆炒花蛤]

舟山朱家尖的海滩美食中有葱油观音草、美极紫菜汤、葱油舟山白黄鱼、爆炒花蛤、炒时蔬、酱爆鱿鱼、黄瓜拌海蜇、葱油石斑鱼等，都让人回味无穷。

金庸武侠影视基地

桃花岛

在金庸的武侠名著《射雕英雄传》中，桃花岛是黄药师居住的场所，在《神雕侠侣》中，杨过也曾经在桃花岛短暂地居住过……

桃花岛从宋至明洪武十九年（1386 年）属昌国县安期乡，清康熙初年建安期乡桃花庄，光绪年间为定海安期乡，民国时改称桃花乡，后几经建区并乡，撤区并乡，直至今日的桃花镇。

桃花岛位于东海之上，与“海天佛国”普陀山、“海山雁荡”朱家尖隔港相望，因金庸的著作《射雕英雄传》《神雕侠侣》而闻名天下。

桃花岛的面积只有 41.7 平方千米，属于舟山普陀区下辖岛屿，全岛由塔湾金沙、安期峰、大佛岩、桃花港、鹁鸪门、乌石砾滩六大景区组成。岛上的风景丰富多样，集海、山、石、礁、岩、洞、寺、庙、庵、花、林、鸟、军事遗迹、历史纪念地、摩崖石刻和神话传说于一体，有“世外仙境”之称。

[海龟巡岸]

犹如一只大海龟在海岸边游弋。此龟神情专注，朝着龙珠滩翘首伸颈，似欲向岸上爬行，却欲上又止，憨态逼真。

方士炼药，偶得雅名

桃花岛古称“白云山”，相传秦始皇为了长生不老，屡遣方士入海求取长生不老药。此时方士安期生在日照市天台山修仙，也成了为秦始皇寻药的方士之一，《史记》中说他师从河上公习黄帝、老子之学，卖药东海边。安期生久寻仙药未果，害怕秦始皇迫害，于是南逃至海岛“白云山”隐居，修道炼丹。有一日酒醉后，他打翻了炼丹炉，焰火泼洒四溅，山石遇到焰火，爆裂成桃花纹，斑斑点点，因此这些山石被安期生称为“桃花石”（另一说法是安期生泼墨成桃花），这座岛后来也改名为“桃花岛”。如今在山东日照也有一处桃花岛，不知道是否和安期生炼丹有关！

[安期生]

安期生，亦称安期、安其生，人称千岁翁，安丘先生，琅琊阜乡人。师从河上公，黄老道家哲学传人，方仙道的创始人。传说他得太丹之道、三元之法，羽化登仙，驾鹤仙游，在玄洲三玄宫，被奉为“上清八真”之一，其仙位或与彭祖、四皓相等。在陶弘景《真灵位业图》中列在第三左位，奉为“北极真人”。

大佛岩：中国东南沿海第一大石

桃花岛上的大佛岩是中国东南沿海第一大石，占地面积 6239 平方米，海拔 287 米，

[炼珠洞]

涨落的海水将石缝里的石块磨炼成一颗颗如卵似珠、大小不一、色彩斑斓的圆石，犹如久炼出来的珠。

传说龙女用金麟宝塔镇住了东海大浪，由此惹怒了东海龙王，东海龙王惩罚龙女在此洞中炼珠，这些石珠就是龙女炼珠时留下来的。

[大佛岩]

大佛岩是桃花岛的标志，是金庸笔下《射雕英雄传》一书中桃花岛岛主黄药师的主要活动场所。

顶部面积百余平方米。它在阳光反射下，远眺近望一样大，如今成了桃花岛的标志。

从2001年起，在大佛岩的散花湖畔，依据金庸的《射雕英雄传》一书，建起了我国唯一的海岛影视基地。50多座依山而筑、临水而建的仿宋亭台楼阁、水榭门楼错落有致，形成临安街、黄药师山庄、归云山庄、南帝庙等景观，具有深厚的南宋建筑风格和神秘的武侠气氛。

大佛岩中腹有一个天然岩洞，洞口上刻有“清音洞”三字，洞中有一条石缝，宽约10厘米，长20余米，直通岩顶，有阳光射入石缝，是名副其实的“一线天”，此洞直通岩底，两端说话传声清晰可辨，故称“清音洞”。这里是金庸笔下的《射雕英雄传》中黄药师藏《九阴真经》和关押老顽童的石窟。

[传说龙女洗澡的地方]

千岛第一峰

安期峰位于桃花岛东南部，海拔达 539.7 米，是舟山群岛第一高峰，也被誉为“千岛第一峰”。安期峰有南北两条登山道，北山道随势起步，这里古树茂密、奇石林立、悬瀑飞溅、溪水潺潺、桃花繁盛、鸟语花香……

除了安期生泼墨成桃花的故事之外，这里还有丰富的历史典故和神话传说，如龙的传说及东海小龙女的故事。

[弹指峰]

黄药师最厉害的武功之一就是“弹指神通”，只要用手指轻轻一弹，立刻就能远程将敌人给灭了。在桃花岛上的桃花峪内还真有一处地方叫作弹指峰，据金庸书中记载，这是黄药师练弹指神通的地方。

桃花岛是一座将道教、佛教、民俗文化汇为一体的岛屿，包括以先秦隐士安期生遗迹为依托的道教文化和以圣岩寺、观音望海为中心的佛教文化和以金庸武侠小说为核心的武侠文化。

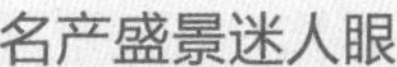

名产盛景迷人眼

桃花岛除了拥有舟山群岛第一高峰——安期峰和东南沿海第一大石——大佛岩之外，还有很多让人称道的地方，比如，舟山第一深港——桃花港；中国三大水仙名品之一的普陀水仙主产地；浙江名茶普陀佛茶的主产地。桃花岛还有着“海岛植物园”的美称，是浙江沿海林木品种最多的岛屿。

> 桃花岛的几个第一：
>
> 拥有舟山群岛第一高峰——安期峰；
>
> 舟山第一深港——桃花港；
>
> 东南沿海第一大石——大佛岩。

[东海神珠]

“东海神珠”是一颗经过海浪长时间冲击而磨炼成的、直径 80 厘米的石球，龙珠夹在岩石之中，犹如在龙喉里吞吐翻滚，发出隆隆的回声，形成美妙神奇的“金龙吐珠”场景。

抹茶味的森林城堡

后头湾村

残垣上、屋檐下、绿树旁，爬山虎悄然占据了整个村庄，绘成了一幅绿藤遍野、静谧荒芜的荒村美景图，犹如绿野仙踪、童话世界、充满神秘气息的“鬼村”、重归自然的荒岛……

[后头湾村路牌]

后头湾村位于浙江省嵊泗县嵊山岛东北面，这里海洋资源丰富，是全国著名的舟山渔场中心。后头湾村本来是嵊山镇居民居住的区域之一，在 20 世纪 50 年代，这里是当地最富裕的渔村。现在大家都叫它无人村。

人去楼空绿意张

曾经繁华的后头湾村被人们称为“小台湾”，20 世纪 90 年代，因为交通不便，生活区域相对局限，为了使生活过得便利，有一些村民开始

阴天或者晚上光线不足的时候尽量别去，村子入口处的半山坡和观景台边上有很多坟墓，阴森森的，没有足够的勇气和胆识还是不要去了。

[爬满爬山虎的墙壁]

［爬满绿植的村庄］

［后头湾村入口处］

如今这里成了当地的旅游景点。

陆续搬离这里。后头湾村本身只是一个海岛上的老渔村，如今人去楼空。加上村落不远处紧邻着一片坟场，所以当地人也把后头湾村称为“鬼村”。2002 年，后头湾村整个村子搬迁，废弃的老屋没有人打理，逐渐便被植物吞噬……

老房爬满了绿色的植物，农田长出了齐人高的野草，鳞次栉比的楼房被爬山虎的绿叶包裹住。远远望去，好像为楼房穿上了绿衣。

声名鹊起

2015 年 6 月，有网友发布了一组后头湾村被绿植覆盖的房屋照片到网上之后，绝美如世外仙境般的后头湾

［后头湾村美景——进村的崎岖小路］

［后头湾村中的龙王宫］

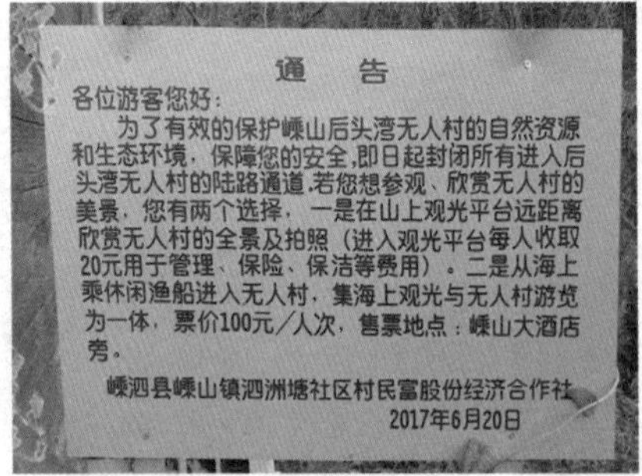

通　告

各位游客您好：

为了有效的保护嵊山后头湾无人村的自然资源和生态环境，保障您的安全,即日起封闭所有进入后头湾无人村的陆路通道.若您想参观、欣赏无人村的美景，您有两个选择，一是在山上观光平台远距离欣赏无人村的全景及拍照（进入观光平台每人收取20元用于管理、保险、保洁等费用）。二是从海上乘休闲渔船进入无人村，集海上观光与无人村游览为一体，票价100元／人次，售票地点：嵊山大酒店旁。

嵊泗县嵊山镇泗洲塘社区村民富股份经济合作社

2017年6月20日

［游客通告］

通告上说，游览后头湾村有两个选择：一是在山顶观光平台远距离观看；二是乘坐休闲渔船进入无人村。

村立即引爆了整个网络，村中绿植覆盖的房屋照片被迅速传播，这个面朝大海、人去楼空的无人村落一夜之间声名鹊起，被誉为童话里的“绿野仙踪”，逐渐吸引了很多的游客。

四季之美

穿梭于后头湾村的幽静小道之间，独享静地，别有趣意。爬山虎包裹住青灰色的砖墙，繁荫成翳，彼此不分，这才是抵死缠绵。即使荒草丛生，抬眼远眺湛蓝开阔的海面，也让人不禁感慨眼前这些都是现成的海景别墅。

随着季节的变化，后头湾村的美景也各不相同：初春的后头湾村，新叶刚刚抽出，点点绿叶装点着村庄，好像是充满神秘气息的“鬼村”；盛夏时节，巴掌大的叶子便铺满了房屋，只露出几扇窗的空隙；深秋之时，绿叶变成了红叶，与湛蓝的大海交相辉映；冬至时节，枯萎的叶子随着北风的吹起，窸窸窣窣地落到了大地上，喧闹的荒岛重归于寂静。

［后头湾村美景］

［后头湾村山顶观光平台］

犹如刀劈斧削

东崖绝壁

海水时而波涛汹涌，时而平静，时而狂涛拍岸，卷起“千堆雪”，独自屹立的石壁显得格外的沉静，这一切都无不安抚着人们浮躁的心……

东崖绝壁位于舟山群岛中嵊山岛的最东端，高达数十米，在这里可以看到照入祖国清晨的第一缕阳光。

东崖绝壁离后头湾村很近，可以坐车过去，也可以沿着一条不起眼的山路直接攀爬过去。

直插入海

东崖绝壁是一座高达数十米、连绵数千米的山崖，

[东崖绝壁石刻]

景区内还有多处明、清以来的摩崖石刻，笔力雄健，出自明代都督侯继高、兵督司张文质及明将陈梦斗等之手。

[东崖绝壁]

[东崖绝壁日出]

直插入海，峭壁下波涛汹涌，惊涛拍岸的场景非常壮观。此时此刻让人想起老骥的《东崖绝壁赋》：“……东崖绝壁，峭拔千寻。于山之角，于海之滨。惊涛拍岸，轰然作鸣。狂风呼啸，众窍发声 ……”

沿着步行栈道，可以一直走到绝壁高处，一览蔚蓝的大海。可以边走边从不同角度领略绝壁犹如刀劈斧削般的神奇。

东崖绝壁赋

老骥

茫茫沧海兮，横浮天地；悠悠岁月兮，涵蕴今古。极目四方兮，水与天合；遥怀八极兮，心及思书。扶桑不远兮，若在咫尺；蓬莱易达兮，或为通路。秋风萧瑟兮，洪波涌起；日月嬗异兮，沧爽霞彩。境之为奇兮，色之为斓；海之为大兮，水之为藏。舟楫往来兮，乘利趋便；渔子为家兮，由来安堵。中有东崖绝壁兮，自然生成。

东崖绝壁，峭拔千寻；于山之角，于海之滨；惊涛拍岸，轰然作鸣；狂风呼啸，众窍发声；鸟不敢过，兽不敢停；色若丹崖，待日便赪；金光灿烂，红云升腾；大势磅礴，浩气峥嵘；睹奇观异，世无所争；开道迎客，游人是竞。

至于大陆有穷水无穷，其名出于《山海》之经；朝阳有谷月无谷，其事载于《淮南》之书。传云嵎丘之地，在东海兮；两山夹丘，有佳木兮。大人之国，在其北兮；坐而削舟，剑揖鱼兮。君子之邦，在其东兮；衣冠带剑，好礼义兮。帝命竖亥，步量夏兮；起于斧门，陆之始兮。自东至西，五亿余兮。

悠悠其说，隐隐其迹，游客兴来，亦可考察。特为此赋，以俟后者。

[老骥的《东崖绝壁赋》]

观日出

东崖绝壁是最接近日出的地方，来到此地又怎能不欣赏一回日出呢？

凌晨的东崖绝壁格外的安静，海风带着一丝丝腥咸的味道，红彤彤的太阳从海岸线上慢慢地挣脱，将周围的云层染上了颜色，像一个炫目的玛瑙盘，缓缓地升向空中，这种美景一辈子又能见到几回呢？

[步行栈道]

如果住得太远，早上来不及赶到这里观看日出，可以提前来到东崖绝壁的村庄所在地，当地并没有旅馆，可以到村子里的小卖部买一瓶矿泉水，然后问老阿姨哪里可以住宿。热心的老阿姨会将你介绍到可以住宿的渔民家。当天晚上，你还可以在渔民家中吃上地道的当地海鲜，晚上美美地睡上一觉，第二天房东会提前喊你起床去看日出。

海中有岛，岛中有港，港中又有岛

南麂岛大沙岙

这里有大面积的沙丘地，海沙细且干净，沙滩一直延伸到海中，海水碧蓝清澈，颜色由浅到深……

大沙岙位于浙江省平阳县东南海域南麂本岛的南部，距鳌江港 56 千米，其面对东海，三面环山，形成一个冬暖夏凉的大海岙。

南麂列岛旅游资源丰富，环境优美，特别是花岗类基岩、节理发育，受到海浪侵蚀，风化崩塌，形成了岩滩、港湾、岬角、水道、沙滩、砾石、海浪、气象、生物等 550 多种景观。

南麂列岛被誉为“碧海仙山”“贝藻王国”，曾两次入选“中国十大美丽海岛”，也是平阳 4A 级旅游景区。

南麂岛有两座山，一座叫南麂山，另一座叫大山，这两座山盘踞在一起，在东南面形成了大沙岙。

天然海滨浴场

大沙岙是一处长 800 米、宽 600 米的沙滩，它是由风化的贝壳组成的，细腻而美丽。游客可与朋友相约在这里打沙滩排球或羽毛球；也可以驾驶沙滩摩托在宽广

[大沙岙沙滩]

这里既是贝类的王国，也是它们的坟场，千万年的潮起潮落把贝壳冲刷成细末堆积在海滩上，因此，大沙岙的沙子特别清亮和细软，走在上面特别舒服。

［严禁进入标志牌］

在大沙岙沙滩西侧有很多漂亮的贝壳，如今已经被列入保护区核心区域，游客严禁入内。据说全中国只有两处这种世界罕见的贝壳沙滩，另外一处在我国台湾地区屏东县的砂岛生态保护区内。

浴场边的南炮台山上可观鸥鸟、听松涛，一洗尘嚣，是赏海上日出的好去处。

大沙岙的夜景特别漂亮，有很多人在沙滩上搭帐篷、烧烤、听海……

南麂岛本地人信奉妈祖、渔师爷、国姓爷以及渔司娘娘，还供奉着观音菩萨、财神爷、地藏王、海龙王、关帝等。

南麂岛后隆村的“迷途·后隆”是国内少有的悬崖洞穴酒店，景色极其迷人。

的沙滩上横冲直撞；或者将自己埋入沙堆，美美地晒个日光浴，尽兴后只需轻轻拍打两下，身上就不会粘上沙粒。

起风时，海浪会有节奏地拍击大沙岙，发出巨响，呈现卷起千堆雪的景象，此时不宜下水，甚至不宜在海边游玩，其他时间均可以下水，尤其是在阳光下，金沙碧浪，海滩边海水浅且清澈，是绝美的天然海滨浴场，让人流连忘返。

虎屿

在大沙岙岙口的南麂港海面上有一座像一头老虎的岛屿，其好像在海浪间搏击戏耍，这就是大沙岙有名的美景“虎屿”。从大沙岙可直接游泳或者乘坐渔民的小船去往虎屿，沿途可以看到虎屿背后靠近岸边的地方有一块黑色礁石，有人将它称作“虎仔”，也有人将其称作“虎粪”，“虎屿”和“虎仔”是大沙岙的标志性风景。

大沙岙这种“海中有岛，岛中有港，港中又有岛”的美景在国内实属罕见，沙滩四周奇礁兀立，还有海豹回头、猛虎下岗、将军观天、龟石岩等景观。

［虎屿］

奇岩怪石，惟妙惟肖

三盘尾

在三盘尾可以坐在礁石上发呆、在大草坪上躺着，也可以沿着海岸走一圈，看大海、渔船、天空、岩石，吹海风……

[三盘尾彩船上的王理孚雕塑]

王理孚，字志澄（亦写作“澄”），又名锐，字剑丞；开发南麂岛时，因以海髯为号而自称“海上虬髯”。1876 年生于平阳县江南区陈营里（今属苍南县），1950 年病殁于永嘉县城（今温州市鹿城区），终年 75 岁。

三盘尾位于浙江省平阳县南麂岛的东南端，因形似三只若即若离地漂在海上的盘子而得名，在其绵延的高山上有连绵不绝的草甸，一路繁花相拥。

王理孚的功绩

沿着草甸的台阶往下走，在山洼处的草坪上展示着一艘色彩鲜艳的渔船，船上伫立着南麂岛早期开发者王理孚的塑像。

据记载，明代嘉靖年间，为避倭寇，南麂岛曾大量迁移岛民于内地，因此逐渐荒芜。明末清初，郑成功曾

[三盘尾石径]

在此岛驻兵，作为一个抗清的据点，清政府从未管辖和开发，所以未列入版图之内。

王理孚于1913年初次登上南麂岛时，岛上仅有渔民数十人，生活条件艰苦，米、盐及其他生活物品均需从鳌江运来。王理孚上岸后，到大沙岙三盘尾的石壁上镌刻了“民国癸丑十一月王海髯由海路登陆”15个大字，此后，他便在此地设下海运据点，招募农工，置船护航，其耗资数万元，经过20多年的经营，陆续将内

[风动石]

“风动石”斜立着，使劲一推便会摇动。在刮5级以上的风时，一半石头纹丝不动，而另一半会被风吹得动起来。看似摇摇欲坠，但摇摆千年而不倒，确非人力所能及。

[熊猫听涛]

在三盘尾草甸的边缘有一块巨大的石头，犹如一只肥硕的熊猫面朝大海并思考着什么。

[三盘尾连绵不绝的草甸]

三盘尾山上两峰间的山坡都向中间倾斜，形成一个5亩左右的大场地，上面长满细软碧绿的青草，犹如被一块绿色地毯覆盖着。

地人移民到此，极大地繁荣了当地的商贸，使岛上居民增加至万余人，并设立南麂乡。

奇岩怪石

三盘尾虽不大，但断崖处怪石嶙峋，傲然挺立，风光奇特。在三盘尾的海湾里有一大片颜色不同、形状各异的岩石，在阳光照耀下，这些红色、白色、圆形、椭圆形的岩石，像珍珠一样闪闪发光。著名数学家苏步青当年来到此地游览时，曾将其称为“海上珍珠”。

千百年来的潮汐和海风、海浪把三盘

[海上珍珠]

[怪石嶙峋]

[石笋峰]

[飞来石]

在山岩中有一块椭圆形的石头悬立于巨石之上，呈摇摇欲坠之状，不禁让人感叹大自然的鬼斧神工。

尾岗坡上裸露的巨石切割、打磨成各种形态，不仅有“海上珍珠”这样的奇景，还有熊猫听涛、飞来石、石笋峰、风动石、猴子拜观音等各种奇石。

在三盘尾上不仅可以看日出，入夜还能见到传说中的“蓝眼泪”。

三盘尾的奇岩怪石，惟妙惟肖，只要你有丰富的想象力，便能演绎一连串神奇的故事。

[猴子拜观音]

在三盘尾南部东侧海滨，从北向南看，在大大小小规则的岩群中有一根海蚀石柱，高20米左右，像观音菩萨站立在那里，其慈祥的目光投向远方。其相对方向有一块形似猴子正在拱手下拜的石头，这就是猴子拜观音。然而走到南边，再往北看，猴子拜观音中的观音菩萨很像一位老态龙钟的老人，就和传说中的南极仙翁差不多，故人们又称其为“寿星岩”“老人礁”。

[五虎礁]

“回头虎”的虎头扭向粗芦岛，位于东北端，礁石略呈白色，有人称它为“白虎”。其余四虎皆呈淡红色、黝黑色，或两色交混。

难以逾越的门户

五虎礁

明朝诗人林良箴在《福斗山》诗中所描绘的“载酒入江色，应寻福斗游。委蛇山翠晚，汹涌海涛秋。屿合双鳌近，门深五虎浮。风恬鲸练净，月出蚌珠流”的闽江口的美丽风景，已成为福州的旅游热点。

五虎礁，史称“五虎门”，在闽江口、海船进入福州港必经之路上有 5 块礁石，像 5 只形态各异的猛虎蹲伏，守护着福州门户。这 5 只“猛虎”基座相连，分别叫“吼天虎”“仰天虎”“回头虎”“欲跃虎”和“抚子虎”。

在低潮时可以租船直接到达五虎礁，近距离与“五虎”接触。

《中国地名大词典》给五虎礁做了注解：“在榕城东南一百里海中，当闽江之口，又名五虎门。五峰排列如虎，不生一草，远望色白。”

五虎与白犬的传说

五虎礁是一个富有神奇色彩的地方。相传，在闽江入海口，五虎常与附近的白犬争斗，使江面上的行船不得安宁，为保一方水域平安，观音菩萨化解了五虎与白犬的争斗，而五虎与白犬也自知罪过，为弥补过往的错，五虎化为五虎礁，白犬化为长乐区的白犬列岛。自此以

[朱熹]

宋代朱熹曾赋诗《七律·五虎礁》赞“五虎礁”：
闽江口岸碧芳洲，一列狸儿似蜃楼。
目闪声雷雄万里，风驰电掣震三丘。
双龟扼海开仙境，五虎看门舵客舟。
神将不提当日勇，龙沙永卧守千秋。

后，它们便齐心协力地守护闽江口，一旦海面有敌情，白犬立即用吠声报警，五虎便做好了战斗的准备。

难以逾越的门户

五虎礁就像一座顶天立地的群雕，屹立在波涛汹涌的闽江口，显得雄浑、峭拔、威武，并成为一个地理标志，在战争年代是非常重要的一道天然门户。

明洪武年间，征南大将军汤和准备通过水路攻取福州，可是当他来到闽江口时，看到五虎礁

[汤和]

汤和身高七尺，举止洒脱，沉稳敏捷，善于谋略。其出生在濠州钟离（今安徽凤阳），和朱元璋是同乡。

挡道，其周围散布大大小小的岛礁，水下还有暗礁，汤和的水军根本无法从此经过，于是选择改道由乌猪港进闽江，最后攻克榕城。《闽都别记》记载有“五虎守口”故事：“汤和攻五虎门不能入……”

1884年，法国舰队绕过五虎礁闯入闽江，直至马尾，发动突然袭击，爆发惨烈的马江海战，清朝福建水师伤亡惨重，此后法国舰队欲从五虎礁退出闽江口，被一发炮弹打中旗舰，法国海军指挥官被打成重伤，法军无心应战，只能从五虎礁夺路逃离。

以上例子足可见五虎礁的凶险，这里自明朝起就是军事要冲。如今这里航道疏通，航运顺畅，万吨巨轮穿梭来往，百舸争流，渔舟唱晚，曾经的“古代海上丝绸之路”已在这里谱写出新的篇章。

五虎掀山

相传，5只凶猛异常的恶虎，被托塔李天王镇压在方山之下。不料有一天，5只恶虎共同发威，掀倒了方山，跑下山为非作歹。

托塔李天王获知后，追击至闽江口，将5头恶虎打落江中，为免除后患，托塔李天王将5只恶虎点化成石，令它们永生永世守卫闽江口。这就是“五虎掀山”的故事。

［马江海战］

马江海战又称马尾海战、中法马江海战，是清代中法战争中的一场战役。战斗不到1小时，福建水师几乎丧失了战斗力，而法军仅5人死亡，15人受伤，军舰伤3艘，还摧毁了马尾造船厂和两岸炮台。此后，法舰全部撤出闽江口。

闽东北戴河
下浒沙滩

有人说秋天的奶茶可以不喝，但秋天的下浒沙滩一定要去见识一番，可见秋天的下浒沙滩别有一番风味……

霞浦位于闽东北，拥有400多千米长、被誉为“中国最美的滩涂”的海岸线。这里海域中的小岛非常多，在潮水的长期冲刷下形成了许多独特的滩涂景观。

下浒沙滩位于福建省霞浦县南部的下浒镇，该沙滩坐北朝南，依山面海，与镇所在地相连。这里有颇具特色的沙滩和近10米宽的鹅卵石带，还有琵琶岛、云峰寺、狮公鼻等名胜古迹，是一个让人流连忘返的旅游胜地。

下浒沙滩的沙子

下浒沙滩长1500米，宽200米，风光旖旎，景色迷人，素有“闽东北戴河”之称。诗句“此地黄沙细如尘，轻车驶过了无痕”，描述的便是下浒沙滩的沙子。下浒沙

[金色下浒沙滩]

[海面上的渔排]

滩的沙质细腻，以中、细沙为主，干净纯美。在霞浦的五大沙滩中，数下浒沙滩最为美丽。

下浒沙滩即是外浒沙滩，呈半月形，秀丽壮观，周边海水湛蓝，风浪较小。下浒沙滩两边延伸的礁石达数十千米长，受海浪的常年冲击，呈红褐色，怪石、巧石林立，形成一处天然的假山带。

光着脚丫走在下浒沙滩上，吹着海风，听着悠扬的渔歌，让人恍若置身在诗画中一样。

下浒沙滩作为霞浦县“外浒、大京、高罗、北兜、吕峡”五大沙滩之一，属于亚热带海洋性湿润气候，冬暖夏凉，温差小，年平均气温 18.3 ~ 18.6℃。

下浒镇的内海与外海

下浒沙滩的所在地下浒镇是霞浦县唯一一个可以同时看到内海和外海的地方。其内海与外海的直线距离还不到 1000 米，外海以沙滩为主，可以出海捕鱼，也可以放渔网捕鱼，养殖海带。沙滩上有许多大的花蛤和螃蟹。

[沙滩上的小螃蟹]

与外海不同，内海的滩涂以养殖海参、鲍鱼、黄花鱼、鲫鱼和鲈鱼为主，大都采用圈养或是在渔排上养殖。

琵琶岛

说到琵琶岛，便想到白居易所写的“犹抱琵琶半遮面”这句诗。下浒沙滩的琵琶岛因外形和琵琶相似而得名。相传，古时候四海龙王醉于弦乐，琵琶乐声引起佛祖座下大鹏的兴趣。有一次，大鹏趁四海龙王昏睡之时，偷走了能发出美妙声音的琵琶，藏在下浒水之滨。从此之后便有了琵琶岛，岛上有个琵琶穴，每到涨潮的时候，海水涌入洞穴之中，便会有潺潺的水流声，仔细侧耳倾听，好像有人在断断续续弹奏琵琶一样。

琵琶岛的石崖上刻有民间艺人阮克昌撰词、著名书法家朱以撒先生书写的艺术谜语，字面、字底均是谜。

狮公鼻

下浒沙滩的狮公鼻树木葱翠，远远望去好似一朵翠云。在狮公鼻的衬托下，下浒沙滩显得更加迷人。在狮公鼻的下面建有狮公宫，白墙红瓦，十分壮观。据当地人说，这里供奉着三位师公，是当地人的保护神，保佑着当地村民们出海顺利。如果在海上遇到了危险，三位师公会蹈海救难。

大京城堡

下浒沙滩西南侧有一座明代的古堡——大京城堡。据当地人说，它是与崇武古城同一时期的古代建筑。据

[狮公鼻]

[大京城堡的城墙]

《霞浦县志·大事记》载：“明初屡遭倭寇骚扰，焚劫村落，命江夏侯周德兴抽丁为沿海戍兵……”，明太祖朱元璋于洪武二十年（1387 年）下诏设置海防巡检司千户所，命名为福宁卫大金守御千户所，并列为 12 个千户所之首。这便是有关大京城堡最早的记载。

大京城堡的城墙由花岗石砌成，设东、西、南 3 座城门，至今保存完好，具有非常高的历史文化价值，是省级文物保护单位。城堡前的沙滩、五彩小卵石带如今与城堡融为一体并日益成为休闲之地。

[七层石塔]

七层石塔在云峰寺南约 300 米处，是梁太清三年（549 年）建立的一座古石塔。

云峰寺

云峰寺位于下浒镇清水洋村后的龙山上，俗称“文中寺”。据《霞浦县志·祠祀》记载：“大云峰寺，在五十三都。明万历十八年建，乾隆十四年僧悟道重修。”

云峰寺总建筑面积约为 2000 平方米，整体建筑均为木质结构，梁、柱、坊、悬柱、门框、雀替均为浮雕人物，花卉之雕刻均上棕色。整座建筑显得古朴简洁，错落有致，井然有序，是霞浦名胜寺宇之一。

[云峰寺]

南国天山

大嵛山岛

很难想象一座岛上会同时拥有高山草甸和大、小天湖，大嵛山岛就是一座这样的岛，它虽然是一座岛屿，却给人一种身处草原的感觉。

大嵛山岛古称福瑶列岛，意即“福地、美玉”。大嵛山岛直径5千米，面积21.22平方千米，最高处洪纪洞山海拔541.3米，为闽东第一大岛。

大嵛山岛既是岛也是山，2006年被《中国国家地理》杂志评为“中国最美的十大海岛”之一。

大嵛山岛位于福建省福鼎市，距离硖门鱼井6.1千米，距离三沙古镇港9.26千米。大嵛山岛由大嵛山、小嵛山等11座岛屿组成。

环岛路

如果喜欢徒步，有足够的游玩时间，可以徒步环岛，然后一路去往景区，但是这样要花费四五小时；如果是骑行爱好者，还可以自带单车环岛骑行游。大嵛山岛从西向东分为6个自然村，每个自然村都在海岸线上，形成一条环岛路，一路的风景非常美丽。

大天湖和小天湖

在大嵛山岛海拔200米的红纪山的绝顶之上有两个

[大嵛山岛环岛路]

美丽的湖泊，分别叫作大天湖和小天湖。两个湖泊各有泉眼，且常年不竭，水清如镜。

从大天湖出发徒步半小时，再爬十来分钟的小山坡就能到达小天湖。大天湖的面积达到了1000亩，小天湖的面积也有200亩，这两个湖泊滋养了万亩草场，好似大草原，景色非常清新迷人。大嵛山岛也因这万亩草场而有“南国天山”之誉。

走过草场来到天湖边，可以发现这里有很多野生乌龟，它们完全颠覆了《龟兔赛跑》故事中的乌龟形象，在被惊扰时，它们会“扑通扑通”飞快地跃入湖内。

大嵛山岛上除了有两个湖泊和万亩草场外，还有洪纪洞山、古寨岩、天湖寺、跳水涧、明月潭、仙人坡、大头宫、白鹿坑、白莲飞瀑、大象岩、小桃源沙洲等景观。

[天湖草场小径]

[大天湖美景]

大嵛山岛的羊鼓尾（早期叫羊角尾），在20世纪60年代驻扎过一个军区连队。如今这里已经没有驻军，不过可以去军事基地遗址转转，那里的海岛军事遗址战略通道、碉堡都还保存完好。

[小天湖美景]

[天湖寺]

迷你小沙滩

不要以为大嵛山岛没有沙滩，它不仅有沙滩，而且很美，这里的沙滩隐藏在一个不起眼的小山洼之内，面积只有二三十平方米，相当迷你。其中一小部分还被礁石点缀着，但风景很好。特别适合一家人，或者相约几个朋友一起在这里游玩，不用担心被人打扰，因为不是有心人根本发现不了它的存在。

沙滩旁边是一处乱石滩，其面积比沙滩大，这里是个捉螃蟹的好地方，足可以让人们兴奋得忘记旅途疲劳。翻开乱石常会发现躲在里面的小螃蟹，它们举着大钳子，横行着逃离人们的视线，钻入另一块乱石之中。

野营

大嵛山岛吸引了很多喜欢野营的人，如果时间允许的话，可以在大嵛山岛住几天，好好地享受一下，感受小小渔村里简单而安静的生活。如果时间不允许的话，那就选择在这里待上一天，晚上搭起帐篷观看日落，回归自然生活的状态，看着日落的余晖洒在海面上，那一刻仿佛整个世界都安静了下来。

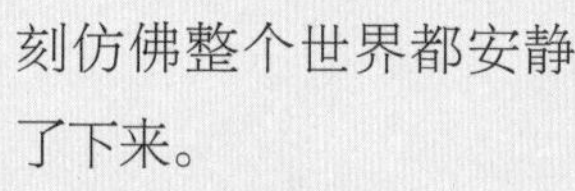

[迷你小沙滩]

天然优质渔场

大嵛山岛的自然环境保持了原始般的状态，没有任何的污染，这里的村民们世世代代都以打鱼为生。

大嵛山岛面向浩瀚

的太平洋，北部靠近舟山天然的优质渔场，所以这里最不缺的便是海味了。无论你是什么季节来到此地，都可以随时品尝到各种海鲜，如福建盛产的黄瓜鱼、石斑鱼、鳗鱼、鲳鱼、墨鱼等；还有人工养殖的白鱼、鲷鱼、对虾、淡水鳗、鳖等，大嵛山岛的青蟹、海蜊、乌塘鲤、跳鱼等更是远近闻名。

[黄瓜鱼]

黄瓜鱼学名池沼公鱼，属鲑形目、胡瓜鱼科、公鱼属。体细长，稍侧扁，头小而尖，头长大于体高。口大，前位，上、下颌及舌上均具有绒毛状齿。背部为草绿色，稍带黄色。

小嵛山岛——奇特的海蚀地貌

小嵛山岛是一座无人岛，海拔仅有 50 米，面积约 3 平方千米，它是由火山岩组成的，海蚀地貌十分突出，因常年被海水冲刷、风化，基岩已经变得十分裸露。

小嵛山岛以前有渔民居住，如今已经人去屋空，逐渐被茂密的植被、成千上万只海鸥和其他的候鸟占据，小岛上的废旧房屋充满了年代感。如果是喜欢冒险或刺激的人们，可以来小嵛山岛逛逛，感受一下小岛带来的紧张、刺激感。

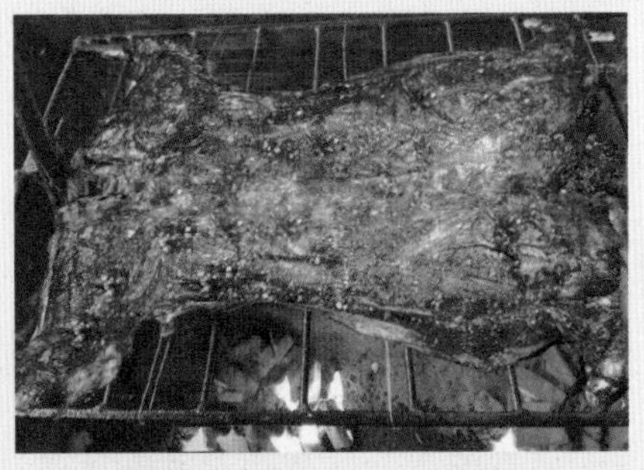

[大嵛山岛烤全羊]

在大嵛山岛除了吃海鲜，还有一种特色菜一定要品尝，那就是当地的烤全羊，这里的羊是吃天湖边的草长大的山羊，现杀现烤，特别美味。不过要提前预订，杀、烤一只羊需要好几小时。

椰风海韵

金沙湾观海长廊

蓝天、白云、绿树、鲜花、碧海、细沙等充满着众多的诱惑，无论是白天还是夜晚，这里都是人们赏景、散步、玩耍、锻炼的不二选择。

[湛江赤坎金沙湾观海长廊]

湛江市有两条“观海长廊”：一条在霞山市区东的海湾边上，一条在赤坎区的金沙湾海滨上。金沙湾观海长廊更时尚，而霞山观海长廊更质朴。

金沙湾观海长廊位于广东省湛江市赤坎区的东海岸，占地面积为12.6万平方米，这里草木茂盛，凤凰花、紫薇、旅人蕉、大黄椰争奇斗艳，曲径、草坪错落有致，没有其他景点那般蜂拥而至的游客，依旧保持着一份宁静与悠闲。

[金沙湾广场]

椰风海韵

金沙湾观海长廊全长2100米，宽67米。站在观海长廊上，从西边向东边看，分别为人文景观展示区、沙滩亲水活动区、金沙湾广场、生态之旅景区，还有湛江海湾大桥，构成一幅迷人的、充满人情味的椰风海韵画卷。这里地处湛江市区边缘，每到节假日，就会吸引很多的人来游玩、休憩。

[阳江风筝]

在金沙湾经常能看到有名的阳江风筝：百米长的风筝，有的如巨龙腾空，有的好似群鹰飞舞，金鱼串、鲤鱼串仿佛把天空变成了海洋。

[劳丽诗奥运女神雕像]

劳丽诗是 2004 年雅典奥运会女子 10 米跳台双人组冠军，为了表彰劳丽诗实现了湛江籍运动员奥运金牌"零"的突破，湛江市政府在金沙湾广场建了一座劳丽诗奥运女神雕像。

海滨浴场

众所周知，湛江的环境质量一直稳居全国前列，尤其是蓝天、碧水、绿地更是湛江的招牌和门面。

金沙湾海岸线长 300 米，海滨浴场的面积达到了 4 万平方米，是一个大型的天然海滨浴场，最多可以容纳 2 万多人。

在海滨浴场的海滩上经常有人放风筝、玩沙雕、踢沙滩足球；情侣们手牵手在沙滩上漫步……

海滨浴场内有高大的白色沙丘和碧绿的椰林，搭配蓝天、白云以及蔚蓝的大海，构成了一处壮美的自然生态景观。

[湛江鸡]

湛江鸡是"广东三大名鸡"之首，曾有"名震雷州三千里，味压江南十二楼"的美誉。

[霞山观海长廊的海豚雕塑]

湛江观海长廊为"湛江八景"之一，长廊分为两段：赤坎金沙湾观海长廊和霞山观海长廊。

目睹"世界文化遗产"

日光岩

这里是鼓浪屿的最高峰，也是鼓浪屿的最佳观景点之一，来到鼓浪屿有一句俗话："不登日光岩，不算到厦门！"

[日光岩入口处]

日光岩又称为岩仔山、晃岩，位于福建省厦门市鼓浪屿中部偏南的地方，是一块 40 多米高、凌空而立的巨岩。

鼓浪屿的最高峰

日光岩是鼓浪屿的最高峰，海拔 92.7 米，也是鼓浪屿的标志性景点。日

[日光岩顶观景台]

日光岩顶部很小，只能容纳 30 人左右，因此上去需要排队。

光岩顶是鼓浪屿看日出日落最好的地方，可以 360° 俯视鼓浪屿及厦门市区部分景色。据说这里原来叫作晃岩，当年郑成功来到此地，认为这里的美景远胜日本的日光山，便把晃字拆开，称作“日光岩”。

[日光岩寺]

日光岩寺

想要去日光岩，必须先经过一座有 400 多年历史的古寺——日光岩寺，这里原本是一个山洞，后以巨石为顶，依山而建了一座寺庙。日光岩寺周围没有围墙，是厦门四大名庵之一。当年，弘一法师曾在此居住过几个月，在大门台阶处还留有弘一法师的墨宝。穿过日光岩寺，经寺内圆通之门去往日光岩，既省时又省力。

[日光岩三大崖刻]

三大崖刻

远观日光岩的第一景，就是巨岩上面的三大崖刻，左侧为“鹭江第一”、右侧为“鼓浪洞天”、横书“天风海涛”，分别是由丁一中、林鍼和许世英所写，这三大崖刻内容对日光岩的风景做了特别形象的概括。

每年除了 8 月台风季之外，其他月份都适合来日光岩游玩。

［石刻：古避暑洞］

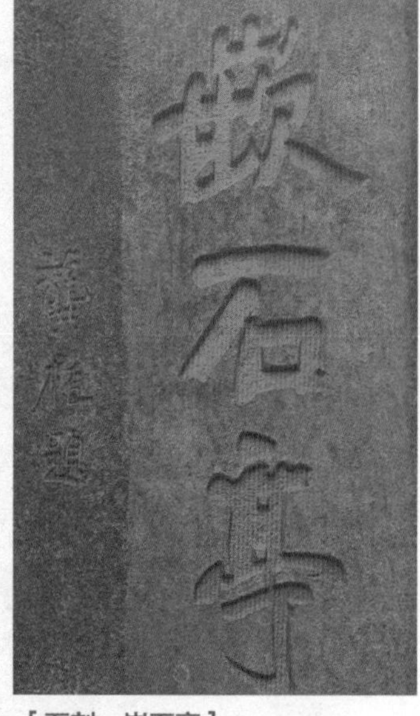

［石刻：嵌石亭］

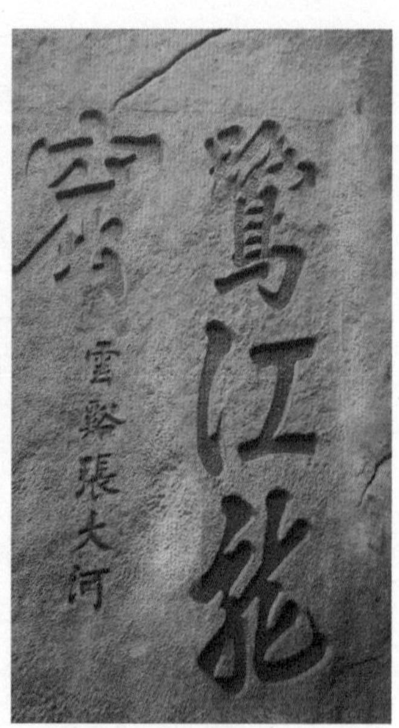

［石刻：鹭江龙窟］

古避暑洞这几个字是由施士洁所写，施士洁本为晋江人，后移居台南，晚年寄居鼓浪屿，其著有《后苏龛诗钞》11 册、《后苏龛词草》1 册、《后苏龛文稿》2 册。

［岩刻：龙头山］

岩刻：龙头山

绕到日光岩后侧，岩石上有黄仲训于 1919 年书写的三个大字“龙头山”岩刻，在其下面还有一行字“此山俗称岩仔山……” 这里所说的龙头山便是日光岩。

古避暑洞

沿着日光岩的上山小路攀爬至半山腰，有个由巨石架起的石洞通道，洞口有石刻，是施士洁写的“古避暑洞”四个大字，洞内异常凉爽，是夏季避暑的好地方。

最美的环岛路

厦门环岛路

这里有蓝天、大海、绿荫、鲜花，是世界上最美的一段环岛路，也被称为最美的马拉松赛道，更是到厦门旅游的“打卡”点。

厦门既有大都市的繁华，也有普通小城的安静自在。厦门的旅游资源丰富，像鼓浪屿、南普陀寺都是人们比较熟悉的景点，而厦门环岛路也是一个让人神往的地方。这是一条沿着厦门海岸线修建的环岛路，全程有43千米。沿途的美景一个接一个，有黄金海岸线、椰风寨、书法广场、胡里山炮台等。

［厦门环岛路美景］

五色路：黄金海岸线

从厦门大学出发到厦门会展中心这段路被称为黄金海岸线。它还有一个特别美的名字——五色路。为什么叫

[厦门马拉松赛的主赛道]

红色的跑道加上沿途景色，使这里被誉为“最美的马拉松赛道”。

五色路呢？那是因为这里有蓝色的大海、金色的沙滩、绿色的草地、红色的跑道和灰色的公路。

椰风寨

椰风寨坐落于厦门环岛路，是一段从厦门大学白城至厦门会展中心约 10 千米长的路，与金门岛隔海相望。这里的风景最为美丽，被评为“厦门新二十名景”之一，称为“东环望海”。椰风寨建于 1997 年，外形特别像一座金字塔。这里有海滨游乐场、新帝乐园、4D 动感影院、海边浴场、水上运动区、美食广场，是厦门首个综合性休闲旅游中心。

书法广场

在厦门环岛路上有一个环岛路海湾，在海湾之中有一个书法广场，沿海岸线展

[弘一法师的作品]

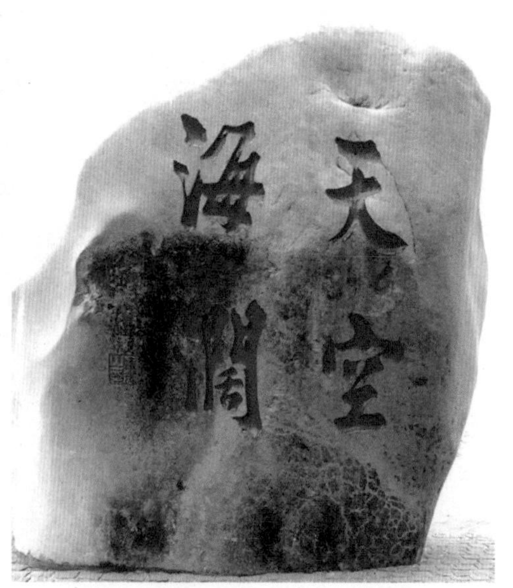

[朱熹写的“海阔天空”]

开，采用“以天为纸、以海为墨”的方式，整个广场再现了甲骨文、隶书、楷书、行书、草书以及文房四宝的石雕，王羲之的名作《兰亭序》也坐落其中。

广场上随处可见中华书法文化的底蕴，就连看似简单的道路也暗藏玄机。除了现代作品之外，广场上还有三块远古的巨石，上面密密麻麻地布满了看不懂的文字和图案，有弘一法师的作品和朱熹的“海阔天空”书法作品等。

厦门环岛路有的地方依山傍海，有的地方凌海架桥，有的地方穿石钻洞，可以说每一个分段都有不同的风景。蓝天、大海、沙滩、绿地，用“面朝大海，春暖花开”来形容这里再合适不过了。

在厦门环岛路游玩时，会经过白沙滩，这里如名字一样，沙子很白净，也很细腻，沙滩旁边的栈道也值得一看，这里既可以玩水，也可看石，并且在靠近胡里山炮台的礁石上，还能看到当年战争时留下的弹痕。

厦门小吃街

厦门最不缺的就是海产品。潮汕菜系无疑是主导，当地小吃有章鱼、油葱粿、卤豆干、卤鸭、蚝仔粥、面线糊、炸枣、捆蹄、夹饼、沙茶面、鱼丸、蚝仔煎、麻糬、贡鱿鱼、芋粿炸、蚝仔炸、马蹄酥、炒粿条、面茶、虾面、烧豆花、炒面线、豆包仔粿、春卷等。

[三块远古的巨石]

深圳最美溪谷

杨梅坑

山海辉映，碧水接天，仰而望山，俯而听涛，这里便是被誉为“深圳最美溪谷”的杨梅坑。

情侣们脚踏双人单车，有青山做伴、大海为邻，怎一个“浪漫”了得。

杨梅坑的窑鸡是别处所没有的美味佳肴。

杨梅坑位于深圳大鹏新区南澳街道，在这里可乘游艇搏击海浪、租渔船出海，也可登山溯溪。

盛产杨梅的临海山丘

杨梅坑是一处盛产杨梅的临海山丘，山丘的下面是杨梅坑村，村前有正尾坑和大坑湖，两条大坑的溪流汇聚成一个清澈见底的深水潭，水流再从深水潭一侧的石桥下流入海中。

[杨梅坑海边礁石]

[杨梅坑美景]

杨梅坑是大鹏半岛最具有浪漫气息的滨海休闲带。

[杨梅坑海边公路（海岸景观大道）]

这里的风景非常秀丽，林木长得十分茂盛，各种鸟雀在里面欢快地争鸣着。

拍照的天堂

杨梅坑山脚下有一条近海公路（杨梅坑海岸景观大道），一半海水一半山，骑行于公路之上，可近距离接触大海，沿途有很多小海湾，海水清澈，有较多礁石，虽不太适合踏浪，却是一个拍照的天堂。杨梅坑除了唯美的海景之外，还有美得让人窒息的溪谷，因此，这里每年吸引了国内外许多知名摄影师前来拍摄。

[南澳鹿嘴山庄]

杨梅坑海岸景观大道西起杨梅坑，东至鹿嘴，全长约 5 千米。

南澳鹿嘴山庄是周星驰执导的电影《美人鱼》的取景地。

杨梅坑是深圳最具有浪漫气息的滨海休闲地带，玩累了可以到附近的农家院休息、聚餐，也可以和三五好友聚在一起，观看夜晚的溪谷和海景，别有一番风味。

[禁止下海警示标志]

因为这里的海况复杂，而且礁石众多，沿着杨梅坑海岸景观大道，经常会看到“禁止下海”的警示标志。

东南海岸线上的明珠

大小梅沙

这里是深圳最早的一片旅游沙滩，是“鹏城十景”之一，承载了无数深圳人的回忆，有“梅沙踏浪”之称。

为了方便游客游玩，大梅沙还提供冲凉寄存、泳具出租、保安、救生等配套服务。

大小梅沙是我国东南海岸线上的明珠，它位于深圳市的盐田区，有“梅沙踏浪”之称，也是“鹏城十景”之一。

大小梅沙是两个景点，分为大梅沙和小梅沙。与小梅沙相比，大梅沙的沙质更加细腻，在上面奔跑不会有硌脚的感觉，而且是免费的。大梅沙的海滩是深圳最长的沙滩，也是现代都市中难得的休闲之地。

大梅沙

大梅沙的海滩上有几个天使的雕塑，其展开双翅奔跑的样子像极了来此游玩的孩子们。点点白帆、各种各

[大梅沙]

大梅沙是免费的，海滩比较大，人比较多。

［大梅沙“天长地久”石］

2018年9月台风“山竹”过境，“天长地久”石被损坏。

［小梅沙海洋世界］

样的风筝、金色的沙滩和一望无际的大海勾勒出一幅欢乐的画卷。

除此之外，大梅沙还有沙滩跑马、水上快艇和大型音乐灯光喷泉等，供人们欣赏游玩。

大梅沙还有个海滨公园，公园内有游泳区、运动区、休闲区和娱乐区等，更有滑水索道、摩托艇、水上降落伞、沙滩足球等刺激的娱乐项目。

［大梅沙海滩上的天使雕塑］

小梅沙

据记载，小梅沙已经有 110 年的开发历史了，它与大梅沙齐名。

小梅沙有个大巴站，往来于大小梅沙之间只需十几分钟，可能是因为小梅沙的环境更优美别致的原因，它是一处收费的景点。小梅沙被三面青山包围着，面朝大海，到这里的人比去大梅沙游玩的少一些，使这里有一种远离了繁华喧嚣的感觉，加上阳光、沙滩和海浪相伴，更加让人惬意和安乐。

小梅沙有个海洋主题公园，即小梅沙海洋世界，它曾是国内占地规模大、展馆多、海底特色节目最丰富的海洋主题公园，里面有一些动物表演，如海豹、海豚，还有俄罗斯花样游泳表演等。

［小梅沙］

小梅沙是收费的，人比较少，也比较干净，比大梅沙远一点。2021 年小梅沙宣布关闭进行更新改造，预计 2025 年重新投入运营。

世界级景观地之一

西涌海滩

西涌海滩的美可以和马尔代夫媲美，它没有被过度开发，湛蓝的天空下是清澈碧绿的海水，满足了人们看海的欲望。

西涌海滩是深圳最长的海滩，2015 年获广东省海洋局组织、广东海洋文化协会等联合主办的广东“十大美丽海岸”称号，也是《中国国家地理》杂志评选的“中国最美八大海岸线”之一“东西涌海岸线”的起点。

西涌海滩距离深圳市 18 千米，其长 3.3 千米，有高 12 ~ 15 米的沙坝、面积 1.57 平方千米的潟湖和两个涨、落潮通道。由整个西涌海滩形成的西涌湾宽约 3 千米，三面环山，是深圳海滨旅游景点中海滩面积最大、腹地最广的一个，属世界级景观地之一。

绝佳徒步路线

从西涌到东涌有一条徒步路线，全长 7 千米左右。

[西涌海滩]

西涌海滩下午 3 点钟的阳光是最美的，无论是走在细腻柔软的沙滩上，还是在沙滩上打排球，都是不错的休闲方式。这里的海上娱乐设施十分齐全，可以满足人们游玩的需要。

这条路徒步有些困难，但风景很美，一路上会遇到礁石、沙滩，不仅如此，有时还会有急上坡的情况出现，往往会让人连滚带爬、手脚并用。正常情况下要走四五小时，足以满足人们徒步探险与拍照留念的需求。

［西涌海胆］

西涌海滩附近能吃海鲜的地方不多，而且大多都是潮州海鲜。当地最有特色的海鲜推荐西涌海胆和一些海鱼。除了海鲜之外，西涌的窑鸡也是当地不错的佳肴。

捡贝壳

西涌海滩的贝壳十分漂亮，是海岸线上独一无二的风景。这里的贝壳非常多，分为许多品种，样式也各不相同，如毛蚶壳、文蛤壳、扇贝壳、香螺壳、海螺壳、牡蛎壳等。到这里捡贝壳的时候，最好提前准备好塑料袋，好随时将自己捡到的贝壳装起来。

特色游玩项目

除了捡贝壳之外，西涌海滩还有潜水等海上项目。

东、西涌之间的海岸线由岩石滩、砾石海滩、岩石岬角和少量小沙滩交错构成，既有千姿百态的海蚀地貌遗迹景观，也有大量海蚀洞、海蚀崖、海蚀平台、海蚀柱等，部分区域为大鹏半岛国家地质公园地质遗迹重点保护区，是极具观赏性和科普教育价值的重要旅游资源地。

［潜水］

初学潜水时需要注意安全，务必听从教练的指挥。

入水前要检查好自己的潜水装备，保护他人和自己的安全。

第一次来体验的潜水者，一般下潜深度不可超过6米。

注意：如果不慎被水母蜇到，一定要及时上岸治疗。

[冲浪]

初学者一定要检查好自己的装备，如救生衣、安全绳等。

在下海冲浪前，先做 20 分钟的暖身运动。

初学者尽量不要到深海中去或去冲大浪。

西涌海边有 8 个村子，距离海边最近的要数新屋村，这里有很多海边民宿适合游客选择。

西涌海滩的生态保护得非常好，因为才开发不久，周围的地貌还处于原始状态。由于地处大鹏半岛的最南端，再向南就是广袤的南海，与在大鹏湾深处、水质被污染的大小梅沙相比，这里的水质更清澈干净。

海面之下各种鱼类让人眼花缭乱、应接不暇，很多海底生物都让人叫不上名字。这里的鱼类大部分都非常友好，不用担心安全问题，潜水者可以到海里去寻找更多的“宝藏”。

这里除了是潜水者的天堂之外，还是最适合冲浪的地方，每年都有大量的冲浪爱好者来到此地冲浪。这里海水清澈，浪花朵朵，身处在海浪中，体验着海浪的速度，让人有种既紧张又兴奋的感觉，这也是众多冲浪爱好者痴迷这片海域的原因之一。

深圳最美沙滩

大鹿湾

想要去看最美的沙滩，那大鹿湾绝对是不可错过的地方。在这处美丽的沙滩上漫步，感受着海风、浪花、星空，让人不知不觉中忘记了生活中的烦恼和忧愁。

[大鹿湾美景]

大鹿湾东部环山，无法观看日出，在夏季早上 9 点左右才有阳光照射到沙滩上。

大鹿湾又被称为大鹿港，是一处位于深圳市的纯天然、无污染、有淡水、非常美丽的沙滩，有一大一小两个沙滩。它面向香港海域，背靠红花岭，红花岭的溪水常年不断地向大海流去，景色宜人。或许有些人对这个地方十分陌生，甚至有些人更没有听说过这

登山口附近有大鹿港径起点的牌子，为了避免游客迷路，去往大鹿港的沿途山路，每隔 500 米就有一根标距柱。最开始需要爬半小时的上坡山路，大部分是比较容易走的青石路。

个地方，那是因为它的所在地十分偏僻，到这里旅游的人十分稀少。也正是因为如此，才得以保留了它最原始的样貌。

适合追求刺激、爱好探险的年轻人

大鹿湾的交通和设施相对来说比较原始，说得直接点就是“三无”地带，也就是无人烟、无公路、无人管。

去往大鹿湾只有两条公认的路线：一条是先进入西涌海滩，再坐 20 分钟的快艇；另一条是沿着山路从西贡村的抛狗岭一直徒步到达大鹿湾，大概要走 5 小时才能抵达目的地（也可以先坐车到达西贡村，然后再步行 3 小时）。

[抛狗岭野生捻子]

抛狗岭山林间有很多野生捻子，其学名叫桃金娘，初秋时节成熟，果实有点像小酒杯，它和普通捻子不一样，青而黄、黄而赤、赤而紫，变成紫色发黑就成熟了。

大鹿湾的美景虽然天然无污染，但是并不适合老年人和小孩子，最适合那些爱好探险、喜欢追求刺激的年轻人。

干净原始的地方

大鹿湾因为人烟稀少，所以保留了纯自然状态，这里的海水非常清澈，银白色的沙滩更是干净原始。

大鹿湾沙滩上有众多各式各样的怪石，大小不一、参差不齐地屹立着，或三五块在一起堆放，或两两相聚，或高大，或娇小。

沙滩的后面是很原始的大山，山上的植物长得郁郁葱葱，纯天然自由生长，没有人工修剪的痕迹，这是现代都市中绝无仅有的美景。

如果你既有时间，恰巧又是一位探险爱好者，那么绝对适合去大鹿湾寻幽探秘。

去了还想再去的地方

鹅公湾

在这里可以卸下平日沉重的负担，抛却城市的喧嚣和纷扰，享受纯粹的自然和清新，是一个让人去了还想再去的地方。

鹅公湾位于深圳市南大鹏半岛的西海岸，海湾宽度约 600 米。它西望香港塔门洲、赤洲，背靠海拔 428 米的抛狗岭，海岸线北上可达南澳镇，南下可到大鹏半岛最南端的墨岩角。

[鹅公湾飞流直下的山涧]

最佳野外露营地

鹅公湾是西涌西边的一个海湾，这里不通公交车，而且临近海湾的道路坡度大，急弯多，所以人迹罕至。

鹅公湾的海滩和大鹿湾一样背靠红花岭，面朝大海，整个海域无任何污染，海湾有一大一小两个美丽的海滩，海滩后有一道银白色的瀑布，它从红花岭山涧飞流而下

[鹅公湾海景]

[石壁]

这块石壁似摩天大楼仰面压来，大部分徒步者到达此地后都会绕道而过，不过也有胆大者从石壁半山腰处的缝隙中攀爬过去。

[鹅公湾——徒步天堂]

注意：最好组团一起来这里徒步，因为这条海岸线有一定的风险，同时需要徒步者准备好急救物品以及相关装备。

直冲蔚蓝的大海，瀑布的水可以饮用和冲凉。鹅公湾地处亚热带，年平均温度为 22.4℃，是深圳野外露营最理想的地方。

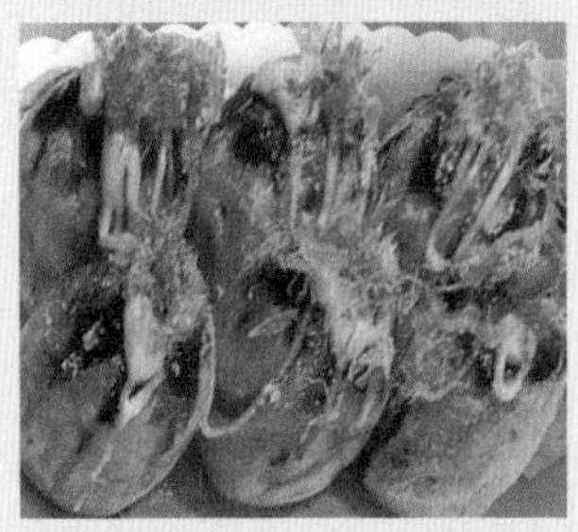

[鹅公湾美食——章鱼小丸子]

金黄娇嫩、美味可口的章鱼小丸子，征服了一批“吃货”的胃。

深圳最美丽海岸徒步线路之一

从鹅公湾到南澳洋筹湾的道路是一条绝美的海岸徒步线路，每年的春季、初夏、秋季徒步从这里穿越最适宜。这条海岸徒步线路不太简单，一路都有大礁石拦路，绝大多数地方需要手脚并用才能通过。这条海岸徒步线路是徒步越野者的天堂，虽然沿途的岩石很粗糙，没有东、西涌的海岸平稳，但步步都是风景。

[鹅公湾美食——绿豆饼]

绿豆饼是潮汕特有的小吃，它是用红纸包着的，看着十分喜庆，价格实惠。

[洋筹湾美景]

洋筹湾是一处人迹罕至、没有任何污染的海滩。

深圳最美黄金海岸

金沙湾

这里被《中国国家地理》杂志评为“中国最美的八大海岸”，无论是被木麻黄包围的沙滩，还是面积达 10 万平方米的绿地，抑或是大鹏所城都是让人神往的地方。

[金沙湾]

[木麻黄]

木麻黄是木麻黄科、木麻黄属常绿乔木。原产于澳大利亚和太平洋岛屿，现美洲热带地区和亚洲东南部沿海地区广泛栽植。

金沙湾位于深圳市大鹏新区的大鹏湾畔，三面青山环抱，绿草如茵，花木葱葱；一面是碧波万顷的大海，被称为“深圳最绿的海”，是深圳东部海岸上一颗璀璨的明珠。

深圳最美黄金海岸

金沙湾的海域面积达 25 万平方米，和香港四大海岸公园之一的东平洲岛仅一箭之隔，从金沙湾乘坐游艇，便可欣赏到香港东平洲岛上原生态的自然美景。

[金沙湾海边]

在金沙湾沙滩与陆地树林之间种有木麻黄，将沙滩完全包围住，木麻黄外面是面积达 10 万平方米的绿地，占金沙湾总陆地面积的 2/3。这里被群山环抱，有绵延 4 千米、沙质柔软的金色沙滩，被誉为“深圳最美黄金海岸”，终年碧水蓝天，椰影婆娑，景色优美。沿岸有灿烂的“金沙夕照”、绚丽的“波光帆影”、辽阔的“碧海蓝天”、悠然的“峰峦叠翠”、迷人的“碧浪含珠”、秀丽的“翠屏环玉”、雄壮的“长龙卧波”、神奇的“林涛海韵”，它们被称为“金沙八景”，诠释了金沙湾“滨海风情”的深刻内涵。

[金沙湾风景]

大鹏所城

大鹏所城位于大鹏镇鹏城村，始建于 1394 年，为当时的广州左卫千户张斌开所筑，是明代为了抗击倭寇而设立的“大鹏守御千户所城”，简称“大鹏所城”。如今深圳又名 “鹏城”，其名即源于大鹏所城。

在深圳民间有“宋朝杨家将，清代赖家帮”的说法，这赖家帮说的就是大鹏所城内的赖氏家族，这是深圳历史上一个最为兴旺的家族，曾出过“三代五将”。在大

[“三代五将”匾额]

赖家“三代五将”指的是赖恩爵、赖信扬、赖世超、赖恩锡、赖英扬。

[振威将军第]

[大鹏所城]

大鹏所城内有三条主要街道，分别为东门街、南门街、正街。大鹏所城外有护城河，东、西、南三座城门依然保存完好，城墙上有门楼、敌楼，还有左营署、参将府、守备署、火药局……大鹏所城的城墙是由山麻石、青石所砌，是迄今为止保存较为完整的古城之一。

鹏所城内有座壮观的府邸——振威将军第，就是赖氏家族子弟、抗英名将赖恩爵的将军府，该府邸距今有 150 年的历史，是广东省如今依旧保存完好、不可多得的大型古建筑，拥有数十厅、房、井、廊、院等，其中牌匾众多，雕梁画栋。走在狭窄蜿蜒、以青石板铺就的宁静古朴的小巷，置身于独具特色、宏伟的清代振威将军第建筑群中，让人有种穿越到古代的感觉。

[抗英名将赖恩爵]

大鹏所城内除了振威将军第之外，还有侯王庙、参将署、天后宫、赵公祠等古迹，数百年的历史变化被铭刻在每一条街道、每一座建筑、每一块路牌之上。

“九龙海战”大捷

1840 年鸦片战争爆发前夕，英国军舰前来挑衅，赖恩爵作为林则徐的手下，召集了 500 多艘民船，趁着大雾打得英军溃不成军，击沉了 1 艘军舰，还杀死了 30 多名英军士兵，后来六战六捷，这就是著名的“九龙海战”。道光皇帝收到捷报后非常高兴，御赐赖恩爵为“呼尔察图巴图鲁”，晋升为副将，赏赐顶戴花翎。

1840 年 10 月，鸦片战争爆发后，林则徐被免去职务，赖恩爵被提拔为广东水师提督，官居从一品。

[大鹏所城内废旧的火炮]

摆放在院落墙角的旧炮。

海陵岛最大的沙滩

十里银滩

十里银滩是海陵岛最出名的沙滩，也是最大的沙滩，这里既有毓秀的风光，还有著名的“南海一号”博物馆。

［“南海一号”博物馆］

“南海一号”博物馆以海为主题，外形好像古船的龙骨，整体看既像起伏的海浪，又像一只展翅的海鸥。馆里珍藏着许多文物，如景德镇窑青白釉印花葵口碟、磁灶窑点褐彩梅瓶、龙泉窑青釉刻花菊瓣碟等。

海陵岛是广东第四大海岛，位于阳江市西南沿海，是“中国十大最美海岛”之一，主要有四大海滩，分别是十里银滩、大角湾、北洛湾、马尾岛。

十里银滩位于大角湾的西面，它和大角湾只有一山之隔。十里银滩的沙质略逊于大角湾，野滩的面积较大，整体来说杂质比较多，但是海水比大角湾的更清澈。这里风光毓秀，粗犷壮阔，与石角滩连接成螺线形，其三面环山，总长 9.7 千米，海岸线长达 16.5 千米，被列入吉尼斯世界纪录。

十里银滩除了有美丽的沙滩之外，还有仿古建筑群和广东“海上丝绸之路”博物馆，该博物馆以“南海一号”宋代沉船的保护、开发、研究为主题，因此又叫“南海一号”博物馆。

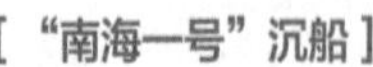

［“南海一号”沉船］

考古学家所发现的“南海一号”在十里银滩风景区的“南海一号”博物馆展出。“南海一号”是南宋初期一艘通过“海上丝绸之路”向外运送瓷器时失事沉没的木质古沉船，沉没地点位于我国广东省（台山市海域），1987 年在阳江海域被发现，是国内发现的第一个沉船遗址，距今 800 多年，但当时因技术及资金问题而延迟研究，直到 2007 年才完成整体打捞。

天然海水浴场

大角湾

大角湾是十里银滩西边的一片海湾，有天然海水浴场和海上游乐园，更是骑行的绝佳地点。

海陵岛位于雷州半岛、西江流域和珠江三角洲包围的腹地，地处南亚热带，全年日照时间长，年平均气温22.8℃，水温23.5℃，是一座比较大的海岛，出名的地方有很多，海岸线沿途有许多风景，大角湾是海陵岛最早开发的海域。

［大角湾］

大角湾位于海陵岛闸坡镇东南，三面群峰环抱，面向浩瀚南海，因形状似牛角，故名“大角湾”，是海陵岛最知名的景点之一。

在大角湾不管是吃饭、住宿、购物，还是搭乘交通工具都非常便捷，更是一个骑行的绝佳地点，沿途景观别致，别有一番风味。

大角湾素以阳光灿烂明媚、沙质均匀松软、海水清澈纯净、空气清新洁净而著称，各类质素均达国际一类（级）标准，又因沙滩宽阔平坦、海浪柔软适中、无鲨鱼出没而成为名扬海内外的天然海水浴场。这里还有一个海上游乐园，有海盗船、大摆锤、跳跃云霄、豪华转马、飓风飞椅、大战鲨鱼岛、激流探险、无天网碰碰车等游戏。

在海陵岛一定要品尝的特色美食有疍家菜。疍家人常年与风浪搏斗，生命难以得到保障，如同蛋壳一般脆弱，因此被称为“疍家”。疍家人作为最了解海鲜的水上一族，拥有独特的饮食文化，讲究不时不食、不鲜不食，每天的饮食中也是三餐不离海鲜。

疍家人其实是沿海地区水上居民的统称。

［大角湾贝壳雕塑］

马尾夕照

马尾岛

这里传说是天马流连忘返之地，也是著名的观日落地点，还是一个露营胜地。海风、海滩、夕照，让人十分惬意。

[马尾夕照]

马尾岛的日落颇有“天长落日远，水净寒波流”的意境。

马尾岛位于海陵岛西南端，与闸坡镇山岭相连，三面环海，实际上是一个半岛，总面积为 1.3 平方千米。

马尾夕照，露营胜地

马尾岛依傍着马尾山，山脚延伸与大海相连，海岸线曲折多湾，最长沙环为 1 千米，海滩长约 1.25 千米，山体经过海浪千年万载的冲刷雕琢而形成了乱石滩、海蚀滩、一线天等奇异景观。马尾岛最值得一提的景色就

[露营胜地]

是“马尾夕照”，这里是海岛的最西角，也是观日落的最佳地点。当彩霞漫天时，游客们可以在海滩上搭帐篷，等待美丽的夕照，晚霞过后，即会升起温柔的月光，迎着徐徐扑面的海风，让人十分惬意。

［马尾岛古炮台］

马尾岛的传说

沿着马尾山的山道向山上走，沿途植物茂盛，许多热带植物及不知名的野花使人感受到浓郁的热带海岛气息。相传，孙悟空任弼马温时，得知王母娘娘蟠桃会邀请名单中没有他，一怒之下驱散了天马，任其各自放纵逍遥，有一匹天马被这里的美景吸引，在此流连忘返，化为山脉。长长的马尾变成了马尾岛，间隔数十米的大洲、洲仔二岛则被称为“马鞍”。大洲岛上有高耸的古灯塔，洲仔岛上有灵日灵庙、北帝庙，还有碉堡、战壕、古炮台等军事遗址。

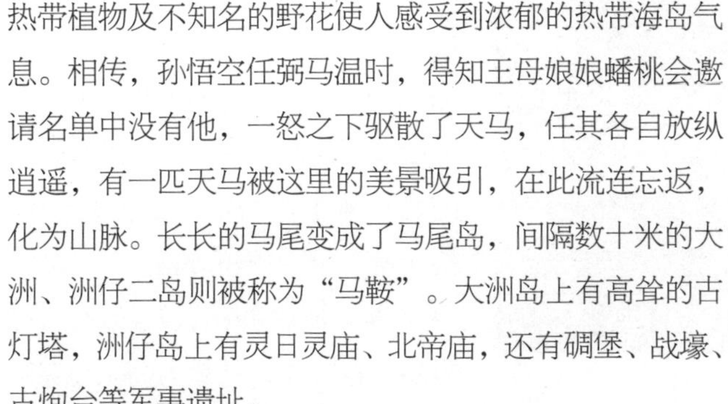

来马尾岛赶海的人非常多，长期赶海的当地人早已经熟悉了潮涨潮退的规律，每到大退潮时，当地人便成群结队地来到马尾岛。

北帝庙中供奉“水神”北帝，渔民出海前，总会虔诚地来这里奉香，以求平安。

［马尾岛高耸的古灯塔］

中国版马尔代夫 北洛湾

这里天高海阔、椰影婆娑，还有沙白浪清的纯净沙滩，被誉为“中国版马尔代夫”，这里就是北洛湾。

[北洛湾铁帽仔]

马尾岛可以观看日落，而北洛湾不仅有绝美的日落，还可以欣赏到日出美景。

北洛湾位于海陵岛，是一个螺线形的海湾，其背倚平原腹地，东隔望瞭岭与大角湾相邻，西隔马尾山与马尾岛相邻。北洛湾的沙滩长0.6千米，宽60～150米，沙滩东北侧有潮汐河穿过。沙蟹在这里的细白沙滩上匆匆穿行，五光十色的贝壳、螺壳逐浪进退，海星、海胆等海洋生物出没礁石间。每当潮水退去后，便是人们抓捕它们的好时候。

北洛湾三面环山，面临大海，沙滩东南侧坐落在弧丘铁帽仔，突起于海中，铁帽仔与望瞭岭之间形成一处狭窄的石滩，海岸是陡峭险峻、绝壁如削的壮观海蚀地貌，常有惊涛拍岸的凶险景观。这种得天独厚的地理位置，造就了北洛湾引人入胜的美景，被誉为“阳江十大最美乡村”之一的北洛村也位于这里。

相传古时候北洛湾常有海盗出没，他们将劫掠来的宝藏藏匿于此，因此这里成了人们寻宝的乐园。

[北洛湾]

海天神幻境界

浪琴湾

这里沙滩平缓，沙粒纯净，一年四季的景色变化无常，有时海雾笼罩，让人犹如置身于仙境；有时惊涛拍击海岸，场面壮丽绝美。

在珠江三角洲西南部的台山市北陡镇南部 18 千米处有一处木麻黄防风林带，浪琴湾就藏身于防风林带背后，其长 2 千米，远处的上川岛、下川岛如海上仙山般浮浮沉沉，让人有一种海阔天空的神奇感受。

浪琴湾的传说

相传，在很久以前这里有一对相爱的男女，男的英俊帅气，叫阿浪；女的美丽善良，叫阿琴。两人虽然贫穷，但小日子却过得十分幸福甜蜜。

有一年的农历八月初十，阿浪独自驾船出海，遭遇大台风，不幸连人带船被巨浪吞没了。

［浪琴湾景点入口］

［浪琴湾日落］

浪琴湾有美丽的传说、怪石和沙滩，是观看日出和日落的好地方。

下川岛位于上川岛西侧 6 海里处，两岛均为我国南海中的岛屿。

阿琴见阿浪出海不归，心急如焚，于是日复一日，年复一年，在大海边期待阿浪归来，最终化成一块石头，守望在海边。这就是“阿琴望海”石的来历，于是人们就把此地叫作“浪琴湾”。

怪石嶙峋

浪琴湾有大量礁石散卧在沙滩西边，每一块礁石都形状各异，有的像海龟，有的像海豹，有的像鲸，有的像雷公锤，有的像小象，还有一块巨大的奇石，高数丈，

[黄蜡石]

浪琴湾所在的北陡镇盛产黄蜡石。这是我国著名的赏玩石种，具有湿、润、密、透、凝、腻的特点，质优形美。

[阿琴望海石]

[像小象的奇石]

酷似少女仰卧的英姿，其周围围绕着犹如一群小海狮的奇石。

[出米洞]

[海盗张保仔]

张保仔(1783—1822年)，原名保，别名宝，是清嘉庆年间的大海盗，后被清政府招安，官至福建闽安副将。

充满诱惑的洞穴

沿着浪琴湾沙滩一直往西走，可以发现一个名叫“出米洞”的洞穴。即便是炎热的夏天，这个洞穴内依旧无比清凉。

出米洞不大不小，大概可以容纳百人躲藏。相传海盗张保仔有一次兵败，弹尽粮绝，带领几十个海盗遁逃于此，躲进了这个洞穴内。由于外有追兵在搜捕，饥肠辘辘的海盗们被困在这个洞穴内，眼看就支持不住了。后来他们在洞穴内发现了一个小石缝，有白花花的米粒源源不断地流出，不多不少，每天仅够他们几十个人吃上一顿。从此，出米洞声名远扬。

出米洞还有另一个传说：海盗张保仔在一次劫掠中抢得大量财宝，为了能更快脱身，便将抢来的金银财宝都藏入了这个洞穴。因此，到达浪琴湾的游客都会来这个神秘洞穴碰碰运气。

著名长寿之乡

茶湾

这里不仅有高山、田园、海滩、溪流，还有以种田、打鱼为生的淳朴乡民，是著名的“鱼米之乡”“山歌之乡”“长寿之乡”和“猕猴之乡”。

[大茶湾]

茶湾因海湾内生有一种野生的白云茶而得名，它地处广东省台山市西南部南海上川岛的东海岸，有一大一小两个天然沙滩，被当地人习惯地称为大茶湾和小茶湾。

至今无路可到达

大、小茶湾都是尚未开发的沙滩，依旧处于比较原始的状态，所以至今无路可到达，适合海钓、野外探险者一起聚众前往，或者雇用当地渔船前往。

[小茶湾山泉汇聚的溪流]

小茶湾适合扎营

大茶湾的海岸线比小茶湾的要长，其沙滩宽度也比较大，但是大茶湾缺少树荫，所以来到大茶湾的游客往往会选择把营地扎在小茶湾。小茶湾有山泉汇聚的溪流，可泡澡、游泳，最深的地方大概有 1 米。大茶湾的沙滩坡度比较大，水深变化大，下水游玩时必须穿上救生衣，且不能游出外海，在保证安全的前提下，在大、小茶湾都可尽情地放松玩耍。

可摆脱网络的束缚

在大、小茶湾，手机只能拍照片和视频，因为这里一切都是原生态，所以也别指望有好的网络信号，来到这里可摆脱网络的束缚，好好体验、享受大自然，感受清静自然的魅力。如果想要打电话或发微信，需要往海岸线走，那边也只有移动信号。

[狗爪螺]

狗爪螺又名海鸡脚，它不是贝壳类，而是一种生长在海边石缝中的节肢动物，一般一簇簇地群生群长，挤附在石头缝中，长年不移动，靠吃水中的微生物生长。因其形状酷似狗的爪子而得名。

丰富的海产品

在这里宿营，可以向赶海的渔民购买当地的海产品。如果运气好的话，还可以在退潮的时候，亲自在沙滩上的礁石缝里挖狗爪螺、扇贝，捡辣螺、马尾螺、香螺；在退潮后的海滩上会有一些水潭，在里面还能摸到跳跳鱼、泥猛、青衣、石狗公、乌头等。

这里有充足的海产品和甘甜的泉水，可以让游客一边感受海浪的呼声，一边享受篝火烧烤。

[石狗公]

石狗公又名白斑菖鲉、石头鱼，肉质鲜美而有弹性，是高价值经济鱼种。

大、小茶湾常有猕猴光顾

大、小茶湾紧靠上川岛猕猴省级保护区，在这里游玩时经常会邂逅贪玩的猕猴，它们会出现在远处的树荫之中或者山泉边，如果有幸遇到了猕猴，不要去招惹它们，更不要去激怒它们，因为这些猕猴野性未驯，可能会导致危险，不过它们并不会主动攻击游客，完全可以和它们在这里和谐相处，共享美景。

[猕猴]

[茶湾村]

这里的村民不论老幼，随时随地都会唱山歌，上山唱砍柴歌，出海唱打鱼歌……

留在陆地上的碧浪

东寨港红树林

这里虽然叫红树林，远远望去却是一片绿油油的景象，所以也被称为“留在陆地上的碧浪”。

东寨港红树林自然保护区是中国的第一个红树林自然保护区，也是被列入国际重要湿地名录的保护区之一。

300 多年前的一次地震，造成当地 72 个村庄沉没。陆陷成海，形成了现在的东寨港。

东寨港红树林位于海口市东寨港，东寨港的水流由其东边的演州河、南三江河（又称东寨港罗雅河）、西边的演丰东河、西河 4 条河流汇入后流入大海。河水挟带大量泥沙，在港内沉积，形成广阔的滩涂沼泽，使红树得以繁衍生长。

东寨港红树林绵延分布在 50 千米长的海岸浅滩上，面积达 3337.6 公顷。红树的树皮中富含单宁酸，当单宁酸与空气中的氧气接触，就会发生氧化反应而变成红色，因而得名，红树的树皮也因此可以作染料。

［滴血莲花菩提子（野菠萝种子）］

野菠萝树学名叫露兜树，它的种子曾一度被文玩爱好者追捧，被命名为滴血莲花菩提子。

［野菠萝］

东寨港红树林自然保护区内还有一座野菠萝岛，岛上环境优美，植被茂密。整座岛上一半长有红树林，还有一半是野菠萝密林，阴森森、黑黢黢的，盘根错节，奇形怪状。

红树独特的繁殖方式

东寨港的红树有独特的繁殖方式，红树的种子成熟之后不会马上掉落，而是在母树上发芽。发芽后向下伸展出幼根，将胎根长成茎，上端生长出两片叶子，看着像一棵小树苗。小树苗一旦长成后，便会离开母树，自然地垂直下坠。遇到海滩后，在 2 ～ 3 小时内便会扎根生长。如果不幸掉入海水中，它们则随波逐流，数月不死，逢泥便生根。红树这种奇怪的繁殖方式在植物中是独一无二的。

全世界的红树植物有 24 科 83 种，其中 16 种是胎生植物，也是植物世界仅有的以胎生方式繁衍生息的植物。

海上森林

东寨港红树林分布有红树植物 19 科 36 种，占全国红树植物种类的 97.2%。

东寨港红树林会随着每日每月的潮汐变化而变化，低潮时随着海水退去，会露出红树的根部和泥地，高潮时只能看到红树的树冠在海面上荡漾，成为壮观的“海上森林”。繁茂的红树林吸引来大量鸟类以及各种觅食的动物、鱼虾等。

东寨港红树林自然保护区内已记录鸟类 208 种，软体动物 115 种，鱼类 160 种，虾类 70 多种。它是迄今为止我国连片面积最大、树种最多、林分保育最好、生物多样性最丰富的红树林自然保护区。

如果划着小船穿梭在红树林间，可以近距离感受红树，其树干卷曲，地根交错，如龙如蟒，似狮似猴，像鹤像鹰，千姿百态，离奇古怪。时而还会惊起几只不知名的飞鸟，伴随着叫声消失在红树林之中，船边也还可能会有几条跳跃的小鱼吸引着你的注意。

［东寨港红树林］

面积最大的海滩青皮林

石梅湾青皮林

石梅湾内的自然资源丰富，除了有碧海、青山、白沙、奇石、岛屿、椰林、溪流之外，还有青皮林。这里山清水秀，景色宜人，充满原始的热带原生态自然风光。

石梅湾由两个形如新月的海湾组成，长达 6 千米的碧海银滩被植被茂密的低缓山坡环抱，被誉为“海南现存未开发的最美丽海湾”。

石梅湾青皮林是世界植物区系中亚洲最北沿交界处的一个热带雨林标志种。

石梅湾青皮林位于海南省万宁市兴隆华侨农场的南部，处于海南省东南海岸线旅游中心区的位置。青皮林以石梅湾为中心，长达数十千米，沿海岸线向两边蔓延，是目前已知的世界第二处面积最大的海滩青皮林，被列为省级自然保护区。

乌石姆

在石梅湾东侧海域有大量的黑色石头散落在海滩之上，海南话把“黑”叫成“乌”，把石头叫成“石姆”，所以这些石头就被叫作“乌石姆”，加上海滩上蜿蜒狭长的青皮林（“青皮”又名“青梅”），石梅湾便由此得名。

历经沧桑的青皮林

石梅湾的这处青皮林中有些树木的历史有上千年，青皮树生长得很慢，一年也就增长几厘米，它们在时光的

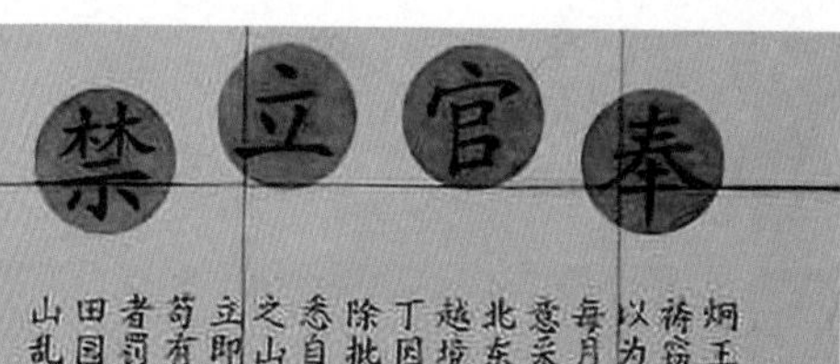

[青皮林禁碑]

清朝官员为保护这片青皮林而立的“奉官立禁”碑。该碑高 1.2 米，宽 0.5 米，碑文阴文直列，以楷体字书写。

打磨下，从弱小到茁壮，在滨海沙滩上逶迤蔓延，最后成长为这片一望无垠的树林，殊为不易。如今，这些青皮树枝叶十分茂盛，林下幽深，生长着灌木及藤类等喜阴植物，这里的植物有 69 科 143 属 172 种，珍稀植物品种除了青皮树之外，还有硬核、水椰、玉蕊、海南苏铁等。如此茂密的树林吸引了大量动物栖息于此，仅鸟类就有十多科 40 多种，还有国家级保护动物，如白鹭、黄猄、蟒蛇等。

石梅湾青皮林背倚青山，面朝白沙碧海，大海来到这里，似乎也因眷恋青皮树的美丽而停住了脚步。在碧海浅滩中，青皮林继续静静地沉睡，缓慢地成长，延续着自己的美丽。

[青皮树]

青皮树为龙脑香料，又叫青梅、海梅、苦叶，是濒危物种，树高可达 30 米，胸径可达 1.2 米，树干通直，树皮青灰色，故得名。

[黄猄]

灵岛

加井岛

加井岛很小，面积只有约 0.18 平方千米，因为人迹罕至，这里的海水非常清澈，岛上的沙滩还会随季节不同而发生位移，因此也有人将其称为“灵岛”“生存岛”。

加井岛是石梅湾内一座无人岛，距城区 12 千米，西面与海南岛遥遥相对，东面是碧波浩荡的太平洋。需要从石梅湾旅游度假区码头出发，乘快艇大约 8 分钟，或者乘坐当地渔船登岛。加井岛上没有码头，而且这座岛也很小，面积只有约 0.18 平方千米，登岛的地方就是沙滩，可以作为营地。

加井岛上的一切都是原始的状态，没被开发，不收门票，游客比其他景点少，适合喜欢清静、游泳和潜水的游客。

加井岛风光

加井岛的东边树木繁茂，海边怪石林立，浪花簇拥，异常壮观；南边的海岸曲折险峻，礁岩众多，是垂钓的最佳场所，涉水登上珊瑚礁可拾贝、观鱼、抓蟹；西边和北边的地势平坦，有白沙细软如粉的幽静沙滩，海岸边还有各式贝壳，浅海中海星、海参及活体珊瑚随处可见。岛的周边有形态各异的珊瑚礁，水下有色彩斑斓的

［加井岛美景］
该海域海水清澈，一般水下能见度达 5 ~ 10 米，很适合潜水。

热带鱼和其他的海洋生物，形成一个美丽壮观的海底花园，是一处不可多得的潜水胜地。

[拍摄《非诚勿扰 2》时剧组居住的石梅湾艾美酒店]

石梅湾的沙滩平缓，沙质细腻洁白，在电影《非诚勿扰 2》中看到的海景便是这里，它天然、未开发，与同样在海南的亚龙湾、清水湾等著名海湾相比，石梅湾还是一个处女湾，在海南当地有“石梅压亚龙”的说法。

两个淡水泉眼

从加井岛登岛后沿着沙滩往南走大约 800 米，经过礁岩区时会发现两个脸盆大小的清水坑，这是两个淡水泉眼，虽然离大海只有 1 米，但是这里的水却清澈甘甜。加井岛是海南省为数不多的、具有淡水资源的袖珍岛屿。传说这两个泉眼是龙太子的眼睛所化，当地人有沾龙气的风俗，端午节时会驾船登岛或在岛的周围洗浴，洗去晦气，沾沾龙气。

3—4 月的加井岛最适合潜水，此时温度好，水好，可以达到最佳的潜水效果。

[鸟瞰加井岛美景]

亚洲第一大道

椰梦长廊

椰梦长廊是一条环三亚湾修建的、著名的海滨风景大道，有“亚洲第一大道”之称。这条大道两边椰树成林，向西一直延伸至天涯湾。

椰梦长廊与海南省三亚市的市区相连，全长20千米，其临海一侧有银色的沙滩和排列整齐的椰林，椰林后面便是休闲度假区。漫步在景观大道或海边，置身于碧海、蓝天和椰树的环境中，可以很好地感受三亚湾的美丽与悠闲。

[椰梦长廊]

椰梦长廊沿途风景如画，吸引了大量的情侣来此拍婚纱照。

从椰梦长廊远眺，东玳瑁洲和西玳瑁洲（俗称东岛、西岛）两座小岛浮于海中，相邻而望。东岛有驻军，戒备森严；西岛则有渔家，出入自由。

椰梦长廊的晚霞和夜景很有名，“三亚湾日落”“滨海植物景观”“海月广场”“三亚湾夜景”等景观都不容错过。尤其是海的那一边凤凰岛上的激光彩灯，更是一道亮丽的风景线。伴随着夜色，可在海边享受烧烤、啤酒，同时还能观看街头演出。如果不喜欢热闹，可以找个僻静的地方闲坐，望着海边的美景，慢慢享受晚上的美好时光，真是让人再惬意不过了。

[椰梦长廊]

美景尽收眼底

亚龙湾全海景玻璃栈道

站在亚龙湾全海景玻璃栈道上，在惊险、刺激之余，还可以 360° 感受天下第一湾——亚龙湾的美景。

亚龙湾位于海南省三亚市东郊，是一个月牙形的海湾，拥有近 7 千米长的银白色海滩，沙质相当细腻柔软。1992 年 11 月，时任全国政协副主席的杨成武在亚龙湾题词："天下第一湾"。

亚龙湾的风景优美，仅从亚龙湾沙滩、海岸边的单一视角、平面视角远远不足以领略它的风采。站在亚龙湾全海景玻璃栈道的不同高度、不同角度来欣赏它，极目之

［七彩天梯］

七彩天梯是玻璃栈道中的一个亮点：7 种颜色铺满了一段玻璃天梯，隐于山林之中，一点点地向上延伸，在阳光照耀下，玻璃天梯变得色彩缤纷，是游客打卡之地。

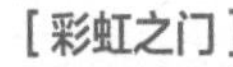

［彩虹之门］

彩虹之门造型独特，是一道由圆形细钢管呈圆拱状穿插在一起组成的彩虹大门。最适合情侣牵手在上面慢慢行走，好像伸手就能触摸到天空，配上蓝天白云，以及脚下透明的热带雨林乔木树冠，给人眼前一亮的感觉。行走在玻璃栈道上，既让人胆战心惊，又有一种凌空行走的快乐。

处海天一色，让人由衷地惊叹这正是“天下第一湾”。

亚龙湾全海景玻璃栈道位于三亚市亚龙湾热带天堂森林公园，这条建造在悬崖峭壁上的玻璃栈道给人一种惊险、刺激的感觉。栈道全长 400 多米，最宽处 10 米，高 450 米，使用了 130 吨超白进口夹胶玻璃，由七彩天梯、彩虹之门、彩莲望佛台和凌空瞭望台等部分组成。

在亚龙湾全海景玻璃栈道上能全面地欣赏到与夏威夷、巴厘岛、普吉岛、坎昆、黄金海岸等顶尖海岸齐名的“天下第一湾”的美景。

[彩莲望佛台]

玻璃栈道上有一个圆形玻璃平台，中心位置有一圈环形如莲花花瓣的造型，犹如佛坐莲花台一样。在彩莲望佛台背后即是世界上最大的天然佛像——亚龙湾弥勒大佛。

[亚龙湾弥勒大佛]

“亚龙湾弥勒大佛”海拔 450 米，由多块花岗岩巨石自然堆砌而成，佛像高 28 米，宽 46 米，佛身周长约 76 米，整体形象为坐姿，形象酷似大众喜欢的弥勒坐佛。

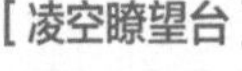

[凌空瞭望台]

站在凌空瞭望台上，抬头可以近距离欣赏天高云淡的景色，低头可以俯视百米深的雨林山谷，向远方望去，可以一览“天下第一湾”亚龙湾的全部海景。

刷新世界纪录的蓝洞

三沙永乐龙洞

海底突然下沉并形成一个巨大的深洞，从海面上看，这个“深洞”呈现一种昏暗、神秘的深蓝色调，这里被科学家誉为“地球给人类保留宇宙秘密的最后遗产”。

三沙永乐龙洞又名海南蓝洞、南海之眼，位于三沙市西沙群岛永乐环礁晋卿岛与石屿的礁盘中，被科学家誉为“地球给人类保留宇宙秘密的最后遗产”。

三沙永乐龙洞是一个垂直的洞穴，也是全世界最深的蓝洞，深度达 300.89 米。其洞口像一只大碗，直径为 130 米，到 20 米水深处时直径缩小到 60 多米，洞底直径约为 30 米，呈缓坡漏斗状，洞内水体无明显流动。

三沙永乐龙洞是一种地球罕见的自然地理现象，由于缺少水循环和氧气，海洋生物很难在里面存活。不过，有深潜爱好者在其中发现了大量珊瑚礁的碎絮状沉积物，科学家们也利用潜水机器人在蓝洞深处发现了原始的生态：有珊瑚和小鱼，还有许多动物的残骸和远古化石。

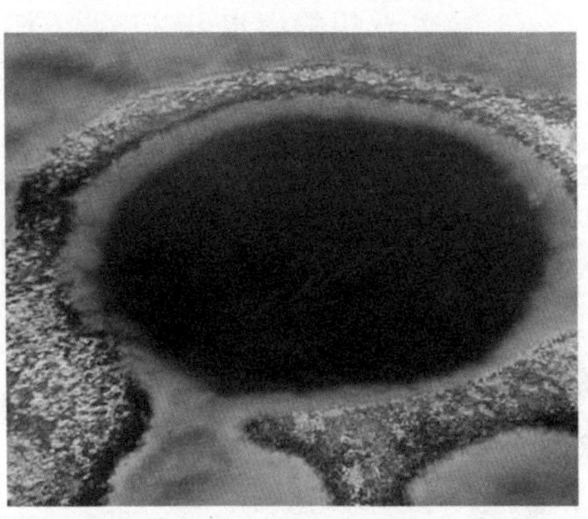

三沙市 2012 年宣告成立，是中国成立最晚的一个地级市。三沙市的成立创造了几项中国城市之最：它是含海域面积最大的城市，也是陆地面积最小的城市，有“全国双拥模范城”荣誉称号。

永兴岛是西沙群岛中最大的岛屿，永兴岛上最多的是椰树，仅百年以上树龄的就有 1000 多棵。

三沙永乐龙洞有着神奇的传说，海南渔民称此处是定海神针所在，孙悟空拔去定海神针，留下深不可测的龙洞；

有渔民说龙洞是南海之眼，藏有南海的镇海之宝；

也有人说这是美人鱼的家；还有人说这是外星人的基地入口；甚至有人认为这是地狱之门。

此前世界上已探明的海洋蓝洞深度排名为：巴哈马长岛迪恩斯蓝洞（202 米）、埃及哈达布蓝洞（130 米）、洪都拉斯伯利兹大蓝洞（123 米）、马耳他戈佐蓝洞（60 米），三沙永乐龙洞（300.89 米）大幅度刷新了世界海洋蓝洞深度纪录。

目前三沙永乐龙洞未向普通的潜水员开放，如果想要在这里潜水，需要通过申请审批后才可以下潜。

会唱歌的沙滩

清水湾

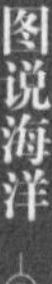

这里的每一粒沙都是一个美妙的音符，有“会唱歌的沙滩”之称；这里的景点丰富多彩，各具特色，被誉为“海南最美的海岸线”。

清水湾位于海南省陵水县的东部沿海，南临三亚海棠湾和亚龙湾，北眺南湾猴岛，海岸线长约 12 千米。这里的风景绝佳，弧形的海岸一半是礁岩，一半是沙滩，集合了海南省东西两地截然不同的景观。来到这里，可以观赏到清水、白沙、怪石、奇岭等。

黎族语言有 4 种：第一种为国语，在历史上被叫作“官话”。第二种为海南话，是闽南方言。第三种为黎话，属壮侗语族黎语支。第四种称为苗话，属苗瑶语族苗语支。除此之外，还有船上话、客家话、潮州话……

黎族人特别喜欢喝当地产的低度酒。在当地，许多人家里都有酿酒的陶具。逢年过节或家里有喜事，都会自酿自饮或者用来招待客人。

世界顶级天然海滨浴场

清水湾有海南省最清澈的海水，水质达到国家一类海洋水质标准。毫不夸张地说，这里的海水可以与亚龙湾的海水相媲美。清水湾的海水深约为 2 米，沙滩平缓涉水 200 米远，可以说是世界顶级天然海滨浴场。

[清水湾美丽的沙滩]

清水湾水清、沙软，海天相映，分外娇媚。除此之外，这里的物价比其他很多旅游点便宜，游客可以选择住在离海边不远的民宿，喝一点当地黎族人酿的美酒。

会唱歌的沙滩

清水湾沙滩的海沙极为细腻，沙滩从海边到椰林可以分为 5 个分段：海浪冲刷区、湿沙区、音乐沙滩区、小阻力沙滩区、大阻力沙滩区，其中最值得推荐的就是音乐沙滩区，人走在上面，沙子被挤压后，会发出银铃般清脆的“哗、哗、哗”声，特别有意思。这在世界上的海滩中都是少有的。

在清水湾沙滩的亲子乐园里，可以与孩子一起挖沙坑、筑城堡、荡秋千、玩跷跷板。

在清水湾的自由婚姻殿堂风景区内，可以拍婚纱照，这里不仅有对婚姻的宣言，还有爱神丘比特持箭而射，在一片椰林中轻取爱人的心！

[黎族银饰]

据说黎族人认为银质的饰品戴在身上，除了美观外，还能驱邪，有吉祥的意思。

世界上只有三个地方的沙滩会唱歌，分别是美国的夏威夷沙滩、澳洲的黄金海岸、中国的海南清水湾。

黎族人有独特的恋爱方式，他们通过对唱山歌来寻找自己心仪的对象，当地人称为串“布隆闺”，也称为“顾隆闺”。

[清水湾黎族男女]

清水湾的当地人是陵水的黎族人，黎族男人的上衣没有领子，两襟相对，敞开着胸。下身穿着好像围裙一样的吊襜，头上缠着红长布头。

黎族的妇女穿带有绣花的“桶裙”。黎族的中、老年妇女喜欢戴银质的饰品，如银耳环、银项围和银手镯等。

人猴和谐相处

南湾猴岛

南湾猴岛上怪石嶙峋，像一把铁锚抛入浩瀚的南海，在碧波、白沙的环抱下犹如拥红簇翠的风景画一样迷人。

从清水湾往东南走 30 千米，到达陵水县的最南端，乘吊索渡过 500 米宽的浅海湾，步过海滩，然后进入茂密的热带丛林，便是有趣的南湾猴岛。

南湾猴岛共有植物 388 种，森林覆盖率达 95%，有哺乳动物 15 种，鸟类 57 种，两栖爬行类动物 17 种。

古陵水“八景之一”

南湾猴岛三面环海，是世界上唯一一个热带岛屿型猕猴保护区，面积有 1000 公顷。岛上的山头连绵起伏，海中有色彩斑斓的珊瑚群，海边有干净迷人的沙滩以及白浪翻扬的天然海滨浴场，是一个休闲、旅游和度假的好地方。同时这里还有“海上街市”之称的渔排风情，是古陵水“八景之一”。

[渔排风情]

南湾猴岛边的新村港已有 500 多年历史，当地居民的祖先多数来自福建泉州，是主要生活在渔排上的疍家人。他们有自己的语言，类似于广东话，属于“白话”语系。

猕猴的极乐世界

南湾猴岛的气候温和，雨量充沛，四季绿树葱葱，果树比比皆是，有荔枝、菠萝蜜和杨桃等，有着典型的热带风光特色。这里既适合猕猴生长繁衍，又能为猕猴提供充足的食物，是得天独厚的“花果山”，也是猴子猴孙逍遥自在的极乐世界。这里创造了“人猴和谐相处”的特色旅游形式，是海南省重要的旅游景区之一，也是国家4A级旅游景点。

[南湾猴岛索渡]

上猴岛不要穿红色的衣服，否则会遭母猴子妒忌，撕烂衣服。

[南湾猴岛雕塑]

一只猴子正坐在达尔文的《物种起源》书上，捧着人的头盖骨在思考。

[南湾猴岛猕猴]

南湾猕猴属于亚热带猕猴，学名叫恒河猴，也叫广西猴，属于国家二级保护动物。

[戴胜]

戴胜共有9个亚种，其头顶具凤冠状羽冠，嘴形细长，栖息于山地、平原、森林、林缘、路边、河谷、农田、草地、村屯和果园等开阔地方，尤其以林缘耕地生境较为常见。

1965年，这里建立"珍贵动物保护区"，当时只剩下5群100多只猕猴，发展到现在已有29群2000多只，其中有6群小猴与游客非常亲近。在南湾猴岛，人们感受到的是人类与猴群、与大自然和谐相处的美好氛围。

猕猴有许多已被驯化

这里的猕猴虽然在野外生存，但是和其他地方的猴子不尽相同，如江苏省连云港市的花果山上的猴子会沿途向游客讨要食物，或者干脆抢夺游客的包裹。而南湾猴岛的猴子很多已经被驯化了，它们会在管理员的哨声下，连蹦带跳地来到游客的观赏区域内，争着抢着向管理员要东西吃，还能很顺从地配合游客拍照（即便如此，也不要轻易惹怒它们，后果可是很严重的）。

[猕猴王国拘留所]

猕猴王国拘留所专门用来关押抢劫、恐吓和攻击游客的猴子。

南湾猴岛有很多种动物

南湾猴岛周边的水域风情万种，整座山怪石嶙峋；海湾细浪连绵，百舸候岸；湾内波光粼粼，渔排荡漾。岛上除了有猕猴外，还有很多种动物，包括水鹿、小灵猫、豹猫、水獭和穿山甲等近20种兽类；鸟类有海南鹧鸪、戴胜等近30种；爬虫类有蟒蛇、蜥蜴等。

注意：这里的猕猴不喜欢欺骗行为。假如只亮食物而不喂给它吃，或者看到握拳打开的是空手掌，那么猕猴就会向你龇牙咧嘴地大叫，或者飞快地向你扑来，会让你大吃一惊。

领略海南西岸之美

棋子湾

这里的沙滩又细又软，海岸上怪石嶙峋，不仅有原始、天然的美景，而且还流传着许多美丽而神奇的传说。

棋子湾位于海南岛西海岸的昌江西部，海湾呈“S”状，湾长20多千米，是海南岛西海岸的最美海湾。

历代造访过棋子湾的名人有苏东坡、赵鼎、郭沫若等，他们被这里的美丽、神奇景色所吸引，留下了脍炙人口的诗篇。

棋子湾在昌化镇北3千米处，距离昌江县城石碌镇55千米。

“海南十大最美海湾”是2015年海南广电全媒体评选出来的，它们分别是：石梅湾、亚龙湾、龙沐湾、博鳌湾、棋子湾、月亮湾、海棠湾、清水湾、东寨港湾和澄迈湾。

棋子湾的名字大有来头

当站在高处观赏棋子湾时，其弧形的沙滩宛如棋盘，湾内红、蓝、绿、黄、白、紫、青七色石块星罗棋布，块块光滑润洁、晶莹透亮，因此而得名。

关于棋子湾名字的由来还有一个神话传说：相传有两位仙人曾在这里的海边下棋，他们从清晨一直下到中午，烈日下两位仙人又饿又渴，但谁也不服输。有一个路过的渔民拿来了酒肉和茶水，供两位仙人消饥解渴。

下完棋后，两位仙人也吃饱喝足了，便要重谢渔民。但渔民早已经离去，寻不到踪影了。为了感谢他，两位仙人便将棋子撒入大海里，形成一片奇石秀岩，一直层叠至岸。从此以后，这里风平浪静，鱼虾丰盛。

[棋子湾]

“大角”“中角”和“小角”

棋子湾是由三个面向北部湾的海角组成的，

[棋子湾散落在海边的奇石]

[小角与中角之间的导航灯塔]

它们被当地人称为“大角”“中角”和“小角”。

大角又被称为“浪漫海角”，在其海岸有海边观景的木栈道，徒步木栈道可观赏礁石、岸滩，也可观赏到仙人掌、红树林、海岸帆船石和笔架山等，海岸奇石林立，形状各异。

中角位于大角与小角之间，这里最值得提起的是峻壁角领海基点，这里是来此旅游的人的必到之处。

从大角到小角约有 5 千米，沿木栈道穿过木麻黄防风林便到达了小角海湾。小角的海滩和奇石都不如大角，但这里是棋子湾观赏日落的最佳地点，也应该是中国观赏“海上落日”的最理想位置：夕阳西下，落日变幻出瑰丽的景象，整个过程一览无遗，让人大饱眼福。

昌化镇离小角不远，据说只有 800 多户居民，虽说是镇，但顶多算是一个行政村。但昌化的名声却不小，苏东坡当年贬谪之地就叫“昌化军”。据记载，宋神宗熙宁六年 (1073 年) 改儋州设昌化军，治义伦县 (今海南省儋州市西北旧儋县)。辖境相当于今海南省儋州、昌江县、东方市等市县地。下辖三县：宜伦、昌化、感恩。

[峻壁角领海基点]

峻壁角领海基点旁边还有领海基点的相关说明。

未被污染的净土

蜈支洲岛

它只能乘船到达，有人把它称作“中国的马尔代夫”，可以让人逃离尘世喧嚣，有“情人岛”这样浪漫的名称。

[蜈支洲岛美景]

蜈支洲岛有成片的椰林、清澈的海水和260多种海底珊瑚。

蜈支洲岛位于海南省三亚市海棠湾内，岛长1500米，宽1100米，呈不规则的蝴蝶状。其北与南湾猴岛遥遥相对，南邻被称为“天下第一湾”的亚龙湾。

繁茂而丰富的植被

蜈支洲岛上有充足的淡水资源，这在海南岛周围并不多见。岛上还有2000多种植物，其中有许多珍贵树种，如被称为“植物界中大熊猫”的龙血树，并有许多植物中难得一见的自然现象，如“共生”“寄生”“绞杀”等。

蜈支洲岛四周的海水毫无污染，能见度最高可达27米，号称“中国第一潜水基地”。

蜈支洲岛的自然景观让人心旷神怡，这里空气清新，阳光明媚，海滩旁、观海长廊、观日岩、椰林中、情人桥处等的景观更让人流连忘返。

[生命井]

据《三亚志》记载：相传以前，有一户渔民出海打鱼突遇台风，父子三人落水，经过几天的挣扎，三人漂到了蜈支洲岛的沙滩上，发现了一个小水洼，解决了饮水问题，从而得救。后来父子三人在水洼处挖出一口水井，取名“生命井”，供过往出海打鱼的渔民使用，一直沿用至今。

蜈支洲岛古称

蜈支洲岛古称古崎洲岛、牛奇洲岛，这两个名字都有不同的来源。“蜈支”是一种罕见的海洋硬壳类爬行动物，因小岛的外形有些像蜈支，所以叫作“蜈支洲”，那么这个名字又是如何变成了古崎洲、牛奇洲的呢？

相传，三亚有一条河，由于上游山民刀耕火种，使植被遭到严重破坏，每逢山洪暴发，山上的泥石沙砾就倾泻而下，经藤桥河流入大海，将龙王管辖的大海弄得污浊不堪。龙王将此事报告给玉帝，玉帝就用神剑将琼南岭角的山岭截去一段，并命两头神牛前去堵住河口。谁知神牛在途中被人发现，点破了天机，化作两块巨石，山岭变成了岛屿。因此，此岛得名牛奇洲岛，两块巨石被称为“姐妹石”。

蜈支洲又名情人岛的来历

很久以前，有一个年轻人在海上打鱼时遭遇风浪，船翻了，被困在荒岛上，只能在海边打鱼度日。有一天，他忽然发现有一个美丽的姑娘在沙滩上拾贝。年轻人正在发愣，姑娘主动上前与他聊了起来，两人聊得特别投缘，原来她是龙王的女儿，因为贪玩跑到岸边。

从那以后两人约定每天在这里见面，日子一天天过

[情人桥]

情人桥原是守岛部队的海上瞭望点，是一座摇摇晃晃的铁索桥。后来为安全着想，将原来的铁索桥改造成现在的木板桥，成为情侣们拍照留影的好去处，因此这里成了“情人桥”。

[金龟探海]

蜈支洲岛东南的观日岩下有一块天然形成的巨石，如一只巨大的海龟。

去，两人互相爱慕，就在一起生活了。

转眼一年过去了，小龙女想家了，想回去看看老龙王，但又怕老龙王怪罪。于是两人商定，三天后在他们最初见面的地方相逢。小龙女走后，小伙子每天都站在那里盼她回来，但是一直没有音讯。

原来小龙女回去以后，老龙王大怒，下令把她关了起来，不准她再回去。小龙女有一天趁看守不备跑了出来，就在他们第一次见面的地方，痴情男女就要相拥时，追赶而来的老龙王，用了一个定身术，将两人变成了两块巨石。千百年过去了，这两块巨石依然矗立在那里，静静相望。后来，人们为了纪念这对痴情男女，就把这里叫作“情人岛”。

妈祖庙

相传，有关蜈支洲岛的最早记录是清光绪年间，海南有位游方道人吴华存遍游海南诸岛，当他看到蜈支洲岛的旖旎风光和山海之间的万千气象后，便欲在此结庐而居，炼丹修身。此事被当时的崖州知府钟元棣获悉，觉得如此胜地不宜被私人独占，于是阻止了吴华存，并筹资在岛上修建了一处庵堂，供奉文祖仓颉，取名为“海上涵三观”。后来，这处庵堂无人管理，渔民不知仓颉是何神，遂推倒塑像，改奉当地人信奉的航海保护神妈祖。

[文祖仓颉]

仓颉，原姓侯冈，名颉，俗称仓颉先师，号史皇氏，又曰苍王、仓圣。仓颉是道教中的文字之神。据史书记载，仓颉有双瞳，四只眼睛，他依照星宿运动趋势和鸟兽的足迹创造了象形文字，被尊奉为“文祖仓颉”。

超豪华度假胜地

凤凰岛

这座岛屿最让人感叹的不是沙滩和海水，也不是礁石和珊瑚，更不是历史和民俗等，而是它的华丽、高端和大气，在游客口中早已媲美或超越了迪拜的梦幻之岛。

[夜幕下的凤凰岛]

凤凰岛是一座大海礁盘之中的人工岛，位于三亚市三亚湾度假区阳光海岸的核心，由一座长 394 米、宽 17 米的跨海观光大桥与三亚市相连，距三亚市的繁华商业主路解放路垂直距离小于 1000 米。其四面临海，东有三亚河入海口，西有东玳瑁岛和西玳瑁岛，南有鹿回头公园，北有长达 17 千米的三亚湾海滩。

凤凰岛是全国乃至全球首屈一指的超豪华度假胜地，媲美或超越了美国迈阿密的邮轮之都、海港之城以及迪拜的梦幻之岛。

凤凰岛有超星级酒店（包含酒店及国际会议中心）、国际养生度假中心、别墅商务会所、热带风情商业街、国际游艇会、奥运主题公园和凤凰岛国际邮轮港。

凤凰岛的海水湛蓝，清透醇美，除了绝美的海景之外，还汇聚了全球奢华、顶级旅游品牌，更有海上飞机、海上滑翔机、海上摩托艇、海上高尔夫、帆船、游艇、冲浪等娱乐活动，使游客能享受全方位的海上娱乐之旅。

[在凤凰岛海域行驶的游艇]

碧水环抱，椰林装扮

椰子岛

它独立于水中央，岛上有大片郁郁葱葱的椰林，就像是海边的翡翠，四周被平静的河流包围着，美得让人无法想象。

［椰子岛海滩巨石］

椰子岛位于海南省三亚市的海棠湾藤桥东西两河的入海口处，由 17 座岛屿自然形成，总面积约为 3.32 平方千米。

这里的鲨鱼的身体是淡黄色的，被一道黑色的线条包围，看上去并不凶狠、残忍。

上岛的交通工具只有船只

椰子岛是目前海南省保留得最原始的自然景观岛屿之一，上岛的交通工具只有船只。乘船前往椰子岛，沿途碧蓝清澈的海水和景色，让人顿觉海阔天空，宛如人间仙境。

［水口庙］

椰子岛东侧有一座水口庙，始建于乾隆五十年（1785 年），是当地村民求神祈福的地方，常年香火不断。

[海滩美景]

很难找到正式的路

椰子岛远离城市，人迹罕至，整座岛上杂草丛生，很难找到正式的路，更别说交通工具了，因为岛上生长着各种灌木和蕨类植物，充满野性的生命力，即便是有交通工具，也无法在岛上使用，如果不小心，还会迷失其中。

长满椰树的仙境

椰树是海南省的省树，来到了海南岛，就等于来到了椰树的故乡。椰子岛上山峦起伏，上万棵椰树直指天空，让人不得不举首仰望，也正因为岛上长满椰树，才有了椰子岛这个名字。奇妙的是从空中俯瞰，小岛也很像一个椭圆形的椰子。

椰林的四周被河流包围着，河流前进的方向是大海，小岛目前还没有被开发，因此景色自然脱俗，并且拥有一片原始海滩，其犹如一幅绝美脱俗的画卷，胜似人间仙境。

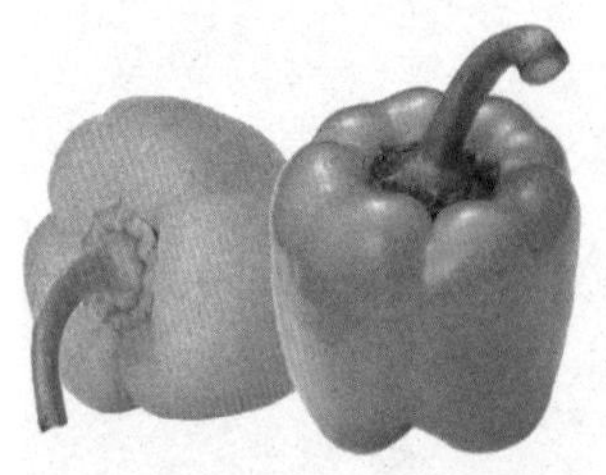

[黄灯笼辣椒]

黄灯笼辣椒在全世界只有海南南部生长，椒色金黄，状似灯笼。黄灯笼辣椒的辣度达 15 万辣度单位，在世界辣椒之中位居第二位，是真正的“辣椒之王”。

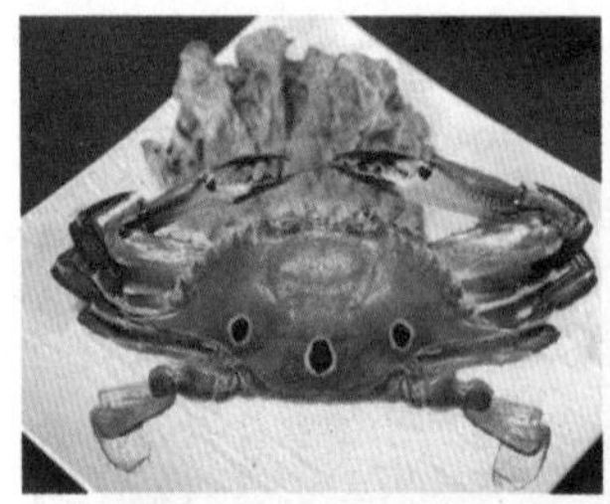

[三点蟹]

三点蟹又名“红星梭子蟹”，蟹肉味道清甜、鲜美，是当地的特产。

[海岛椰子林]

据传在明、清以前，椰子岛上并没有椰树，后来不知从哪里漂来的椰果流落到小岛上生根发芽，并逐年繁衍增多，椰树遍岛，就成了今日的椰子岛。

南海情山

鹿回头

这里不仅流传着美丽动人的爱情故事，展示着海南黎族的风俗与文化，拥有保护完好的热带植被与生态，还是登高望海和观赏南国海滨城市夜景的佳处。

鹿回头位于三亚市南3千米处的鹿回头半岛上，是一座三面环海的海边小山，也是国家4A级景区，以“爱情文化”而著名，素有“南海情山”的美誉。

[鹿回头巨石雕像]

鹿回头的风景

鹿回头是由大小5座山峰组成的，最高的山峰为主峰，海拔275米，站在主峰上可以俯瞰整个三亚市。

鹿回头入口处有一座福禄寿三星的雕塑，游客可以乘坐观光车上山，也可顺着小路一边欣赏风景一边向上爬，到达鹿回头的主峰顶。

[鹿回头]

鹿回头的主峰顶有一座美丽的山顶公园。公园内有一座高12米、长9

［“天涯游踪”石刻］

［“爱”石刻］

在鹿回头的很多地方都可以看到或遇到关于爱的元素，如石刻、雕塑以及神话故事和各种以爱的名义进行的活动。

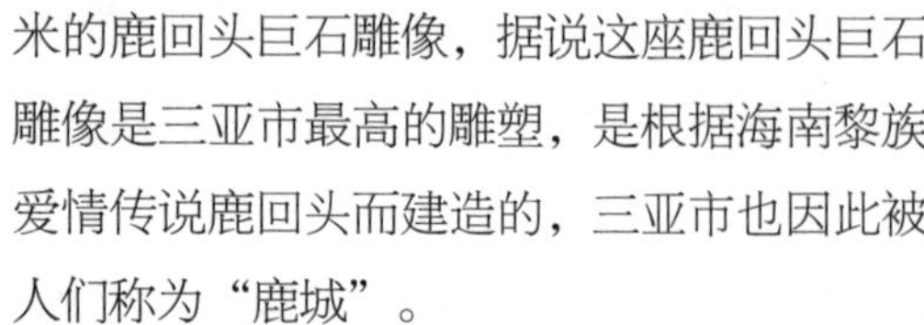

米的鹿回头巨石雕像，据说这座鹿回头巨石雕像是三亚市最高的雕塑，是根据海南黎族爱情传说鹿回头而建造的，三亚市也因此被人们称为“鹿城”。

鹿回头景区的特色

鹿回头公园内曲径通幽，顺着山势有许许多多的爱情文化景点，错落有致地分散在景区内。

除了最显眼、最有特色的鹿回头巨石雕像外，还有“爱”“天涯游踪”“爱心永恒”等摩崖石刻、永结同心台、连心锁、夫妻树、月老雕像、海枯不烂石等。

鹿回头的相伴石

在鹿回头山顶的西麓有一块巨石，这块巨石分为两半，一半犹如少女傲立在山顶端，另一半像是男子跪倒在少女脚下。

据当地人说，这两块石头被称为相伴石。相传，古时候当地山顶住着一位年轻的猎人和他的妻子。

有一天，猎人外出打猎后一直没回来，他的妻子便一直守在山顶，看着远方，期待着丈夫归来。就这样过了若干年，猎人归来后，发现妻子已在山顶处化作一块立石。

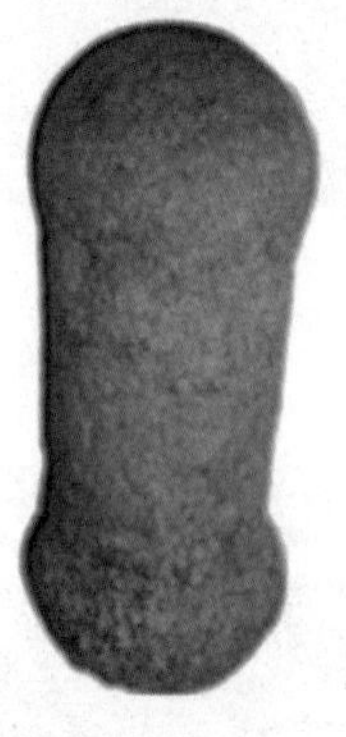

［土地庙内供奉的石且］

黎族人经常朝拜的土地庙中既没有神位，也没有香炉，只有一块形状像男性生殖器的石头，黎族人称为“石且”（石祖）。

[当地黎族人庆典图]

猎人看着立石，悲痛不已，他跪倒在妻子化作的立石旁，并发誓生死相伴。时间久了后也化作一块平躺的石头。据当地人揣测，猎人可能是希望妻子站累的时候，能够在他的身上休息吧！

每年中秋之夜，鹿回头公园便会举行庆祝活动，有传统的灯谜会，还有民间的舞狮大会，最具特色的便是鹿山赏月大会。在鹿山的山顶之上，看着月亮高高地挂在空中，人们一起点亮“福”“禄”“寿”三座塔灯，祈祷亲人、朋友们福寿双全、幸福平安。

黎族人认为榕树是有灵性的，是人类的朋友，所以严禁砍伐生长在村寨的榕树。

[俯瞰三亚湾]

站在鹿回头山顶向四周看去，一面是凤凰岛、三亚湾，一面是玳瑁洲，一面可以远眺大东海和小东海。

奇妙的南国风光画卷

玉带滩

玉带滩水中有岛，岛中有水，被人们誉为“奇妙的南国风光画卷”。它的整个滩头狭长，达数千米，涨潮时最窄处只有十几米。从远处看去，就像一条美丽的飘带在大海中漂荡，因此得名。

玉带滩位于海南省琼海市博鳌镇万泉河入海口，是一座自然形成、向海中延伸的沙滩半岛。它的西侧是万泉河、九曲江、龙滚河和东屿岛，东侧则是烟波浩渺的南海，1999 年 6 月被上海大世界吉尼斯总部以分隔海、河最狭窄的沙滩半岛列入吉尼斯世界纪录。

百变玉带滩

玉带滩的基底是一种混合花岗岩，这种石头硬度较高，可以抵挡海浪长久以来的侵蚀。但是覆于其上的却是一处奇异沙滩，纤细多变，犹如一条飞舞的巨龙延伸入海。这里的形态并不是一成不变的，会随着海浪的冲击而不断变化高低宽窄，玉带滩的形态也会随时发生变化，因此有“百变玉带滩”一说。其地形、地貌酷似美国的迈阿密、墨西哥的坎昆、澳大利亚的黄金海岸，在亚洲可谓仅此一家。

[美丽的玉带滩]

[圣公石]

在当地村民心中，圣公石不仅有镇海的作用，还可以保佑他们出海时平安顺遂、满载而归。

圣公石传说

在玉带滩东侧有一个由多块黑色巨石组成的岸礁，屹立在南海的波浪之中，这便是有名的“圣公石”，当地村民将其奉当神灵，每次出海前，都要沐浴更衣，到此祈福，据说这个民俗已经延续了几百年。

相传天地初定时，天上有个大窟窿，女娲娘娘熔炼五彩石补天时，见南海玉带滩有玉龙翻滚，便顺手滴了几滴岩浆在此，镇住了整片玉带滩。百姓们一直坚信有了圣公石的庇佑，才使得玉带滩可以历经海浪长久侵蚀却依然存在。

明代嘉靖年间乐会知县鲁彭曾写《圣公石捍海》一诗：“海水凝望渺苍茫，圣石谁教镇海傍。此地由来天险设，更从何处觅金汤。”

[玳瑁]

玉带滩上生活着国家二级保护动物玳瑁。

博鳌亚洲论坛永久性会址

东屿岛

这里远离都市的喧嚣，环境幽雅且静谧，与玉带滩隔水相望，一动一静，使人恍若身临仙境。

[博鳌亚洲论坛场馆]

1998 年 9 月，澳大利亚前总理霍克、日本前首相细川护熙和菲律宾前总统拉莫斯倡议成立一个类似达沃斯“世界经济论坛”的“亚洲论坛”。2001 年 2 月 27 日，26 个国家的代表在中国海南省博鳌召开大会，正式宣布成立博鳌亚洲论坛。

[鳌]

鳌有三种说法，一是龟头鲤鱼尾的鱼龙；二是海里的大龟；三是龙之九子的老大，相传“龙生九子，鳌占头”，为龙头，龟身，麒麟尾。

东屿岛位于海南省琼海市博鳌镇，是三江（万泉河、龙滚河、九曲江）入海口处的一座小岛，其四面环水，面积约为 178 万平方米，曾被联合国教科文组织誉为“世界河流入海口自然景观保存最完美的地方之一”。

东屿岛与玉带滩隔水相望，整座岛就像一只缓缓游向南海的巨鳌，岛上植物丰茂，曾经是个与世隔绝的小渔村，宛如世外桃源，世代居住着以捕鱼为生的疍家人，岛内同姓不通婚，进出全靠摆渡，与外界鲜少往来。自从 2001 年博鳌亚洲论坛在此召开后，这个原本远离喧嚣的小渔村发生了天翻地覆的变化，成了一个旅游度假胜地。

[东屿岛鳌石广场上的鳌雕像]

2002 年 5 月，根据朱镕基总理的指示，决定在博鳌东屿岛上建设博鳌亚洲论坛永久性会址。

东屿岛传说

在东屿岛鳌石广场内，有一座关于东屿岛传说中的鳌的雕像，重 8 吨，高 2 米。

传说，南海龙王的女儿偷偷与天地灵兽麒麟相爱，并产下了长相奇异的鳌，长有龙头、龟背、麒麟尾。这一日龙女带着鳌准备回南海见龙王，可是，龙王得知鳌长相奇丑后便大怒，抽出腰间玉带抛了出去，形成玉带滩，阻隔龙女和鳌的归海之路。

[鳌与观音]

鳌与观音的传说很多，本文只是流传在东屿岛的一个传说而已。

[网红酒吧：海的故事]

［南海博物馆］
南海博物馆内有许多沉船以及打捞上来的物品。

龙女哀求龙王未果，化作龙潭岭。鳌失去了母亲，凶性大发，怒吼着卷起巨浪，沿海百姓纷纷遭殃。百姓求得观音出面，与鳌斗法七十二回，终将鳌收服，乘鳌而去。鳌真身化作现在的东屿岛。

［蔡家宅］

景点密布

东屿岛最有名的要数博鳌亚洲论坛永久会址，不过除此之外，周边可以游玩的地方有很多，如海滨温泉度假之地东屿岛温泉、供游客休息观海的酒吧公园、下南洋衣锦还乡的蔡家森的大院、著名的南海博物馆，而且蔡家宅、南海博物馆全部免费。

明信片上的静谧

东郊椰林

在绵延数千米的海岸线上，近百万棵椰树形成了一条一望无际、葱翠的椰林带，可谓海岸线上一道天然的绿色屏障。

［东郊椰林］

东郊椰林位于海南省文昌市，是海南省著名的景区之一，也是文昌市的一张旅游名片。

东郊椰林的特产主要是椰子，人们将椰子制成各种各样的零食对外出售，如东郊椰林特制椰子脆片、东郊椰林椰子软糖、东郊椰林零嘴糖果等。

除此之外，这里还盛产龙虾、对虾、石斑鱼、鲍鱼等海鲜。

海南岛夏天的味道

从海口市出发经过“清澜大桥”就到了东郊椰林，在入口处会看到有名的椰香皇后雕像。沿着东郊椰林海岸线继续往前，一路碧海蓝天，掩映在椰林深处的古朴民居更是耐人寻味，每一栋带着岁月斑驳痕迹的民居后面都掩藏着一长串沧桑岁月的故事。

[椰乡皇后雕像]

关于椰乡皇后雕像原型的说法很多，最主流的说法有两种：第一种说法，左边是宋美龄，中间是宋庆龄，右边是刘少奇的第三任夫人谢飞；第二种说法就是著名的“宋氏三姐妹”（宋美龄、宋庆龄、宋霭龄）。

穿过椰林这道天然的绿色屏障，便会看到洁白的沙滩以及清澈的海水，躺在沙滩上，透过椰树叶，看着天上棉花糖一般的云朵，这便是人们向往的海南岛夏天的味道。

东郊椰林的风景

东郊椰林到处是葱翠的椰树，一棵棵椰树组成了一条一望无际的椰林带。成片的椰树形态各异，有红椰、良种矮椰、高椰、水椰等品种。曾有人说过：“文昌椰子半海南，东郊椰林最风光。”

由东郊椰林环抱大海而形成的海湾的环境更是优美，海水清澈见底，是天然的海水浴场，适合各种沙滩运动。除此之外，这里还建有海滨度假村、海鲜坊等。

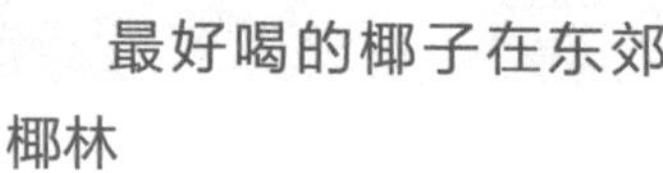

最好喝的椰子在东郊椰林

东郊椰林的土质和气候十分适合椰子的生长，这里几乎没有寒冷的冬季，只有春季、夏季和秋季，而且夏季比别的地方长，从 3 月底开始，一直持续到 11 月，秋季和春季也只有从 12 月到第二年的 3 月这短短的几个月罢了，所以这里的椰子才会

[宋氏祖居]

著名的“宋氏三姐妹”（宋霭龄、宋庆龄、宋美龄）及宋子文的祖居就在离东郊椰林 38 千米远的昌洒镇古路园村，在一片果树环抱的山丘上，周围绿树成荫。

[椰林湾]

[椰林仙境]

长得个大又好喝。

如今，东郊椰林的椰树已有上百万棵之多。据说整个海南岛 60% 以上的椰果产品都是文昌市生产的，而且东郊椰林的椰子最好喝。其他地区的椰子个头相对较小，最重要的是喝起来味道有些酸涩，不够甜，而东郊椰林的椰子个个都十分甜。

[红椰子]

红椰子比青椰子营养更高，原产于马来半岛、苏门答腊岛、新几内亚群岛、婆罗洲和泰国南部地区，我国有少量引进栽培，在海南生长良好。

东郊椰林的小木屋

在东郊椰林，许多具有海南风情的小木屋散布在生机勃勃的椰树下。它们背对着椰林，面朝着大海。小木屋里的陈设古香古色，十分有特点。有的还具有套房的功能，设备也非常齐全。坐在小木屋的屋檐下，望着远处的大海。三两好友聚在一起，喝喝茶、聊聊天，想想就非常的惬意。

东郊椰林的美食——椰子鸡

椰子鸡是在别的地方没有的美食，它们可不是一般的鸡，而是从小便放养或者圈养在东郊椰林里，它们的食物也不是简单的鸡饲料，而是东郊椰林特产的椰子果肉。这种鸡骨子里就有椰子香味，尤其用这种鸡煲汤，汤汁是乳白色的，看起来特别像椰奶，喝在嘴里更有浓浓的椰子味，配上一碗椰子饭，更是别有一番味道。

[风情小木屋]

椰林下，坐落于椰树间的风情小木屋座座背林朝海，古色古香，朴素而自然。

美丽景致，享受假日

假日海滩

这里与城市近在咫尺，却远离喧嚣，阳光、海水、沙滩、椰树，热带海岛景观相映成趣，处处展现着美丽动人的热带滨海风情。

[观海台]

假日海滩一共分为4个区域，分别为海滩日浴区、海上运动区、海洋餐饮文化区和休闲度假区。

[假日海滩]

假日海滩位于海南省海口市西部的庆龄大道旁，海滩全长6千米，左边是葱翠的木麻黄林带；右边是碧波万顷的琼州海峡。这里的阳光、海水、沙滩、椰树相映成趣。

假日海滩是国家4A级景区，在入口处有两门铁铸的大炮，往前走便可以看到一片椰林，穿过这片椰林，几分钟后便来到了假日海滩。

松软的沙滩

脱了鞋子沿着海边走，沙滩上的沙粒细腻松软，特别是在海浪的冲刷下，沙粒在脚缝间挤压的感觉十分奇妙，从上面走过留下一串深深的脚印。

[两门铁铸的大炮]

假日海滩是海南省委党校研究员夏鲁平先生命名的。1993 年海口市政府策划了为海滩征名的活动。夏鲁平从夏威夷著名的檀香山海滩上的希尔顿假日酒店处得到灵感。取这个名字的寓意是希望这个海滩能够成为人们的度假胜地，引领海口假日休闲的生活方式。

水世界

假若你在沙滩上玩得不过瘾，还可以去假日海滩东侧，那里有一个古罗马建筑风格的建筑群——“水世界”，这也是假日海滩上的标志性建筑。“水世界”占地面积达 80 余亩，由水上表演馆、嬉水乐园和海上俱乐部组成，可容纳 1800 多人。

“水世界”常年会邀请国内外的明星来此表演，如高空跳水、陆地风情舞、水上芭蕾等。

[救生塔]

假日海滩的美食

在通往假日海滩的路上有很多海鲜批发城，也有很多烧烤店，可以进店品尝美味，也可以约上三五好友，在沙丘上搭建五颜六色的帐篷，享受美妙的时光。如果运气好的话，还能在沙滩上看到落日时分满天的晚霞，场景非常唯美。

[假日海滩海边美景]

海上仙山，世外桃源

七洲列岛

古人曾感叹：“欲求人迹渔舟入，待觅仙音鹤羽通。”表达了对海外仙山的无限神往，也抒发出舟楫难渡的无穷怅惘。七洲列岛虽然没有长沙滩、沙滩椅和太阳伞，也没有冰啤和泳池，但是这里却被人们称为“海上仙山，世外桃源”。

七洲列岛位于海南省文昌市，距文昌市铜鼓岭17海里，其所在海域被称为“七洲洋”。这里之所以被称为“海上仙山，世外桃源”，是因为岛上的风景优美：有成群结队的海鸥、神秘的海上洞穴以及五彩斑斓的海底世界。

七洲列岛所在海域称为“七洲洋”，唐代称为九州。自宋代以来，七洲洋便是由泉州起程去往国外的必经之地，是海上丝绸之路上一段重要的海域。

七洲列岛由7座岛组成，分布成南北两大部分，南部有南峙、双帆、赤峙紧靠，北部有北峙、平峙、灯峙、狗卵脬相连。远观恍若自南向北突起的7座山峰排列成一条曲线，因此被叫作七洲列岛，当地人称为“七洲峙”，自古名列“文昌八景”之一。

七洲洋以凶险著称，南宋吴自牧在其《梦粱录》中提到航海家“去怕七洲、回怕昆仑”的古谚，所谓“去怕七洲”，是说七洲列岛海域存在异常的潮汐现象，是帆船航海时代最危险的海域，下西洋的船舶经过七洲列岛这片海域时要格外警惕。

俯瞰七洲列岛，它就像一串从云端洒落的珍珠，由于离陆地较远，加上四周都是悬崖峭壁，攀登不易，数百年来渔民只靠双桨驾船很难靠近它，所以人迹罕至。

［双帆］

双帆：形如帆船的巨石

双帆岛位于七洲列岛的南端，由两块高峻陡峭的岩石组成，远看很像张开双帆的船只，所以得名。双帆岛四面都是褐色的石壁，只有壁顶处铺满了绿色野草植被和矮小的耐寒植物。这两块光滑高大的岩石，使攀岩者都望而兴叹，整个七洲列岛中要数双帆岛最难攀登。

南峙：离陆地海岸线最近

紧靠双帆岛的是南峙岛，这里离陆地海岸线最近，距离只有约 23 千米，所以也叫南士。南峙岛由 6 座起伏连绵的山峰组成，总面积只有约 0.35 平方千米，岛上大部分区域的岩石风化成特有的苍褐色，只有西边有一小块斜坡是宽阔地，还有北部东侧形成一个波平浪静的区域，是渔船避风的好场所。

[南峙]

赤峙：最矮小的岛屿

赤峙，又称赤士，位于南峙岛西约数千米处，它是七洲列岛中最矮小的一座岛屿，不及北峙岛的 1/3 高。它主要由一块海拔 49.9 米的巨石和旁边仰望着它的一块小石组成，整座岛均是赤裸的岩石，仅在岩石的顶部有很少的绿色植被，岩石呈赤褐色，所以称为赤峙。

[赤峙]

北峙：雄伟壮丽、占尽风头

北峙，也称北士，离陆地最远，海拔最高（146 米），面积也最大（0.4 平

[北峙淡水泉眼]

当地人筑起的水池，蓄满了从山岩中流出的清泉，足可见岛上淡水的珍贵，不容一点儿浪费。

[北峙]

北峙是七洲列岛中最容易登陆的，也是最适合露营的岛屿。

无论是深潜还是浮潜，七洲列岛都是一个绝佳去处。七洲列岛附近海域的鱼类、珊瑚等资源丰富，海底生物的多样性保存完好，鱼类繁殖的速度快。

方千米），是七洲列岛中唯一有淡水的岛屿。岛上杂草丛生，灌木苍郁。除了有大群的海鸟外，还生活着一些爬行动物，如人们熟悉的蛇和一些类似蛤蚧的动物。

北峙是七洲列岛中唯一建有专门登陆台阶的岛屿，岛上修有登山阶梯，是七洲列岛中最适宜游客登岛游玩的，其他岛屿地势均较险恶，很少有人登岛。

［平峙］

平峙：海鸟最多的岛屿

平峙，也称平士。山脊较平直，山顶地势平坦，呈长条形，中间有一条裂纹拦腰跨过山脊，故称平峙。据资料显示，北峙是七洲列岛中海鸟最多的岛屿，但是据当地渔民介绍，平峙上的海鸟最多。不管哪个更准确，总之，这两座岛屿上的海鸟数量多到无法计数。

［狗卵脬］

狗卵脬：因为长相而得名

狗卵脬紧靠平峙北端，该岛形状酷似狗卵脬（卵脬是当地方言，是指阴囊），所以渔民十分形象地给它取了个别有情趣的名字。

［贯穿灯峙的海蚀洞］

灯峙：海上洞穴奇观

灯峙，也称灯士，形如一艘巨舰头朝东停泊在海滩之上。其得名于穿透岛屿的山洞，从一面向另一面看去，对面的阳光透过洞口，就如点燃了一盏油灯，由此得名。

七洲列岛有世界上十分罕见的地质奇观——海蚀隧道。在七洲列岛中，几乎每座岛屿上都有一两个洞穴。尤其是灯峙岛上的洞穴，更是穿透了整座岛屿，成了小船通行的隧道。

没人打扰的私密海滩

月亮湾

这里是一处没人打扰的私密海滩，沙细色白，满目清新，略带咸味的空气中透出静谧之感，让人错以为身处琼南的海滩。

[月亮湾]

这里是为数不多私家车可直接到达海滩的地方。

月亮湾被评为“海南最美的十大海湾”之一，离七洲列岛不远，位于文昌市的最东边，其东临浩瀚的南海，南抵宝陵河入海口，其海天一色的风景非常秀美，是海南最有价值的旅游目的地之一。

月亮湾的海防林可以说是海南省最宽、保存最完好的海防林带之一。

天然冲浪胜地

月亮湾的海岸线长 11 千米，与铜鼓岭遥相对望，走近海岸，低矮的灌木后出现一片湛蓝，让人惊叹于琼北竟有如此优质的海水和沙滩。

[从山顶看月亮湾]

可以从月亮湾海滩乘观光车到达铜鼓岭，铜鼓岭北端山顶有一个观景台，山顶不大，转一圈用不了 20 分钟，从山顶可俯瞰月亮湾的全景。

月亮湾的海滩沙质细腻，而且整片海滩非常干净，这里让人深深地感受到大海宁静与力量的结合，一波未平一波又起的浪花，凸显了大海的力量。这里的海浪多变而安全，是海南岛最大的天然冲浪胜地。

[海滩边上的路标]

天然优美的海底世界

月亮湾海面上波光粼粼，远远望去，泛起一层银色，水下是天然优美的海底世界，有五彩斑斓的珊瑚礁和形态各异的岩礁，各种各样的鱼儿自由自在地在其中游来游去，煞是好看。

[海水清澈透明，海浪汹涌]

琼东第一峰

铜鼓岭

这里的主峰海拔只有338米，却是海南岛上最有名气的山，被誉为“琼东第一峰”，无论是自然景观还是人文风情都让人惊叹。

铜鼓岭是海南岛的最东角，位于文昌市龙楼镇，距文昌市区40千米，北部紧挨着月亮湾海滩，西连内陆，东濒南海。铜鼓岭的主峰是铜鼓嘴，海拔338米，伴有18座大小不同的山峰，群峰竞秀，层峦叠翠，风光旖旎。其三面环海，地貌奇特，素有“琼东第一峰”之美称。

铜鼓岭是海南省的一处著名景点，也是全国唯一一个高山与海洋相结合的国家级自然保护区、国际生态旅游区。

站得高，看得远

铜鼓岭绵亘20多千米，植被繁茂，沿着山脉分布有神庙、和尚屋、尼姑庵、揽月亭等古迹，还有仙殿、仙洞、风动石、银蛇石、月亮石、海龟石等奇岩异石。

[铜鼓岭观景台]

坐观光车或沿着石阶上山，到达最高处的观景台，放眼望去南海烟波浩渺、海天一色，月亮湾如一轮弯弯的月亮，在碧蓝大海和成片椰林之间，干净得不见一点儿杂色。

[月亮石]

铜鼓

在铜鼓岭售票大厅内有一只铜鼓（仿古品），据说这只铜鼓和铜鼓岭这个地名很有渊源。据传，公元 42 年，交趾（今越南北部红河三角洲地区）叛乱，东汉朝廷派伏波将军马援率兵平叛。大军征讨交趾期间在此扎营，用铜铸造了大量的战鼓。马援平定交趾并撤军后，当地人在此地挖出一只铜鼓，所以这里被称作铜鼓岭。

铜鼓嘴

铜鼓嘴是铜鼓岭的主峰，更是海南岛最具震撼力的海边景观。一条向上的石阶小路被石头公园入口附近荒坡上茂盛的杂草覆盖，行走 500 米，能看到山顶被遗弃的军事地堡和紧锁大门的灯塔。灯塔下面朝大海方位左手方向的密林中有一条隐隐约约的小径，这

[售票大厅内的铜鼓]

伏波将军原本不是官名，只是众多杂号将军之一，其命意为降伏波涛。第一位出任伏波将军的即汉武帝时候的路博德，最著名的就是马援。

交趾本是古代北方中原人在古籍中描述“南蛮”民族风俗的词，后来用于指代南蛮人所居的中原以南的区域。直到汉代，象郡南部专门辟出一块，设“交趾”郡，即今越南北部红河三角洲地区。

[马援]

马援（前 14—49 年），字文渊。西汉末年至东汉初年著名军事家，东汉开国功臣之一。成语马革裹尸即与他有关。

［风动石］

铜鼓岭有一块孤立的巨石，高 3 米多，重约 20 吨，上圆下方，风吹能动，摇而不倒，千万年来历经沧桑，多少次 12 级台风也没能把它吹倒，故得名“风动石”。

［红色的树蟹］

在这里攀爬上山时，偶尔会发现路旁的树洞里会有螃蟹，这是一种会爬树的螃蟹，叫树蟹。

是一条 800 米长，由高大的野菠萝树和不知名的热带灌木、藤类组成的绿荫小路。路的尽头便是悬崖，悬崖下面便是大海，这就是铜鼓嘴山顶。

铜鼓嘴山顶是一处面积达十几亩的起伏不平的草坡，草坡上长满野菠萝树和狐尾椰，草坡面向东南滑向悬崖，让人不敢靠前。

［佛光寺］

佛光寺是由海南文昌籍泰国华人陈颖杜先生于 1993 年出资，仿泰国芭堤雅山顶释迦牟尼佛像和佛寺建造的，被誉为“铜鼓佛光”。

布满石头的港湾

石头公园

漫步在石头公园内，踩着平缓的沙滩，看清澈的海水拍打着岩石，让人不禁想起“乱石穿空，惊涛拍岸，卷起千堆雪”这样的诗句。这里的石、海、浪、云、夕阳等壮美之景，让人惊叹大自然的神奇。

如今石头公园还属于免费景点，以后随着游客增多，会不会收费就不得而知了。

巨石海滩及彩石海滩存在一定的安全隐患，特别是在彩石海滩游玩时存在的安全问题更多，要特别注意防范。

这里的石头为硅石，主要成分为二氧化硅，不是常见于海边的礁石，而是被火山洗礼过的反应石。

石头公园位于海南省文昌市龙楼镇铜鼓岭西侧山脚处，是一片原生态的海域，长2千米。数万年前造山运动隆出地表的石头，由于地质运动引起的山体崩塌，滚落于山脚的海边，经过漫长岁月潮汐的拍打、雕刻和风化而成。它们变化万千，有的像扇贝，有的像蜂窝，惟妙惟肖，十分有意思。这里最具特色的景点有石头港湾、巨石海滩、彩石海滩。

石头公园尚未完全开发，海边的路还是黄泥路，不过，汽车可以直接到达石头港湾，这里具有海南岛上的海滩、海港的一切元素：椰林、沙滩、渔船……而它的不同之处是整个港湾布满了形态各异的石头。

[石头港湾]

[海胆]

据当地渔民称，在石头公园一带，海胆、鲍鱼资源十分丰富。

[巨石海滩]

沿着石头港湾前行，便来到了巨石海滩，这里的石头非常大，气势逼人，是游客最喜欢的摄影地。

走过巨石海滩便是彩石海滩，这里比石头港湾、巨石海滩更加原始，处于未开发状态，乱石遍布，行走非常困难，但却是整个石头公园最美丽的地方，有许多多姿多彩的石头。

整个石头公园的石头就像一座座富有现代抽象派气息的雕塑，美不胜收。

[彩石海滩]

在石头公园内形态各异的石头上拍的照片真的非常好看，但是有些石头上有青苔或淤泥，会很滑，上去要小心，注意安全。

在石头公园游玩时，主要以休闲漫步为主，欣赏美丽海景与形态多样的石林。

[石头公园]

领略石头背后的故事

天涯海角

这里巨石林立，遥相辉映，集日月之精华、天地之灵气，演绎着“陪你到天涯海角，爱你到海枯石烂”的浪漫爱情故事。

“天涯海角”是两块海边的巨石，分别是“天涯”和“海角”，位于海南岛最南端，面向茫茫南海，背对马岭山，距三亚市主城区约 23 千米。

两块面对面的巨石

在海南岛南端的天涯湾有众多的巨石，其中有两块巨石特别有名，即“天涯”与“海角”。关于这两块巨石有许多传说故事，如“天涯郎”和“海角女”的生死

[天涯海角海景]

[天涯海角]

恋情、“天涯”“海角”石的传说、日月石的传说等。这些传说故事虽然内容迥异，但故事内核都是男女恋人死后化作两块面对面的巨石，寓意“天涯海角永远相随”这样坚贞的爱情。

[“天涯”石]

依山傍海的“天涯”石圆中见方，方中呈圆，“面朝东方”“四平八稳”，独占海湾一角，已有亿万年的历史，“坚如磐石”指的就是这里。

“天涯”石为平安石

相传，天涯湾一直风恶浪凶，然而清朝雍正年间，崖州官员程哲来此视察时却看到了不一样的景象：这里风平浪静，一片如诗中描述的“天涯藐藐，地角悠悠”的景象。在程哲看来，这即是他心目中的天涯海角，于是便命人在巨石上刻下了“天涯”二字。说来奇怪，自此以后这里风调雨顺，当地人认为，自从巨石上刻有“天涯”二字后，便给他们带来了好运，于是奉此石为平安石，日日朝拜。

[“海角”石]

“海角”石即幸运石

抗日战争时期，琼崖守备司令王毅来到天涯湾，看到“天涯”的石刻后心生好奇，怎么有天涯没有海角呢？于是命人在天涯石相对的另一块巨石上刻了“海角”二字，意喻与日本侵略者背水一战，后来经过多年的抗战努力，敌人终于投降。所以，“海角”石象征着平安和幸运。

渔民出海后，如果找不到回来的方向，便由“海角”石指引他们回来的路，因此当地人亦称“海角”石为幸运石。

名副其实的“天涯海角”

郭沫若在考察、旅居三亚（崖县）期间，曾三次前往天涯湾游览，还写了多首诗，赞美

[郭沫若题字]

这里的美景。1961 年，郭沫若在“天涯”石的另一侧题写了“天涯海角游览区”7 个大字。至此，天涯湾这片滨海地带便成了名副其实的“天涯海角”。

许多有故事的石头

除了“天涯”石和“海角”石外，在天涯湾还有许多有故事的石头，如“海判南天”和“南天一柱”等。

海判南天

1714 年，康熙谕旨三位钦天监，在中国南疆下马岭海边题刻“海判南天”石刻，以此为中国疆域的天地分界处。“海判南天”的意思就是“南海”在“海判南天”处分为“天南海北”。

南天一柱

[南天一柱]

“南天一柱”即“财富石”，矗立于海天之间，其形象被印在第四套人民币 2 元纸币上。相传，有一富商生意失败后，流落到天涯湾，与“南天一柱”亲密接触后重振了事业。此后，“南天一柱”被当地百姓视为财富石。

关于“南天一柱”还有一个神话故事。相传很久以前，陵水黎安海域恶浪翻天，常有渔船在此失事，天上两位仙女不忍，偷偷下凡，立身于南海中，为当地渔家指航打鱼。王母娘娘得知仙女私自下凡，十分恼怒，派雷公、雷母去抓捕，两位仙女不肯离去，化为双峰石，被雷公、雷母劈为两截，一截掉在黎安附近的海中，一截飞到天涯石旁，成为“南天一柱”。

世界上最高的观音圣像

南山海上观音

三亚市有一句俗话：“没有来过南山，拜过观音，也就等于没有来过三亚。”可见南山海上观音在大家心目中的地位之重！

三亚市的南山海上观音高 108 米，是世界上最高、最大的观音圣像，比自由女神像还要高出 15 米。它立于三亚市南山寺前的海中，凌波伫立在海上金刚洲上，占地面积约 30 万平方米，被称为“世界级、世纪级”的佛事工程，也是世界级礼佛圣地。

南山海上观音三面圣像

南山海上观音脚踏由 108 瓣莲花组成的莲花宝座，宝相庄严，莲花宝座下为金刚台，金刚台内是圆通宝殿。圣像有三面：一面是手里拿着佛珠的观音像，表示众生念佛，佛念众生；一面是手里拿着莲花的观音像，有出淤泥而不染之说；一面是手里拿着经书的观音像，体现的是智慧和德性。

南山海上观音由普济桥与陆岸相连，普济桥另一侧是观音广场及广场两侧的主题公园。

[南山海上观音]

曾被誉为“神州第一大佛”的无锡灵山大佛，在南山海上观音圣像建成之前是最高的，但南山海上观音圣像建成后便被刷新了纪录。

［南山寺］

南山寺是一座仿盛唐风格、居山面海的大型寺院。整个建筑气势恢宏，为中国近50年来新建的最大佛教道场，也是中国南部最大的寺院。

南山海上观音奇观

南山海上观音曾经有过奇观，当时有许多游客都曾目睹。2008年8月29日上午10点左右，南山寺观海平台处，正南方向海面上有一团乌云斜插入大海，同时海平线上形成一道水柱，大约有百米高，直插云端，好像是一条“龙尾”，“龙尾”与水柱一起向南山海上观音移动而去，形成了龙吸水的异象，奇观持续了10分钟之久。

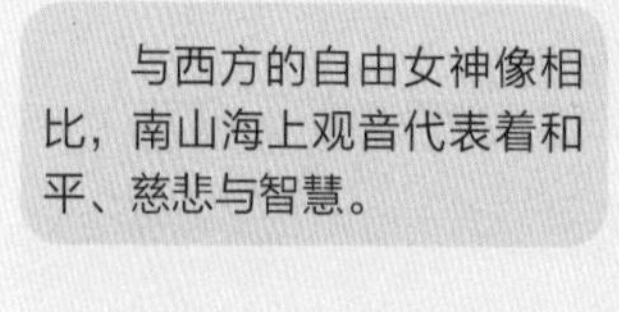

与西方的自由女神像相比，南山海上观音代表着和平、慈悲与智慧。

［不二法门］

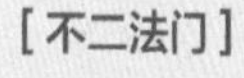

进入景区，首先看到的是佛教气息浓郁、气派的“不二法门”。不二观音是三十三观音相之一，表示三十三身中之执金刚身。南山有句诗：“不二法门进南山，观音大士笑开颜。”

［南山海上观音与普济桥］

天下第一滩

北海银滩

“北有桂林山水，南有北海银滩”，这里的海水纯净，植被丰富，空气清新，环境优雅宁静，有着“天下第一滩”的美誉。

北海银滩由银滩公园、海滩公园、情人岛公园等组成，位于广西壮族自治区北海市银海区，海滩宽度为 30 ~ 3000 米，总面积约 38 平方千米。

北海银滩的沙滩运动和海上运动娱乐项目是世界上规模最大的，这里也是最理想的海滨浴场。

北海银滩的沙尤为优质，为国内外所罕见，被专家称为“世界上难得的优良沙滩”。

[北海银滩]

在 2012 年 7 月 2 日举行的第一届“中国十大最美海滩”网络评选活动中，北海银滩位列第三名。

[亚洲第一钢塑——“潮”]

这是北海银滩的标志性建筑物，位于海滩公园，是亚洲最大的音乐雕塑喷泉，由巨大的不锈钢钢球镂空制成，7 位裸体少女护卫着球，环绕“潮”的是由 5250 个喷嘴和 3000 多盏水下彩灯组成的人工音乐喷泉。

[天下第一滩]

北海银滩浴场非常宽阔，可同时容纳 1 万多人游泳，浴场海水退潮快，涨潮慢，沙滩自净能力强，游泳安全系数高，海水透明度大于 2 米，超过我国沿海海水平均标准的一倍以上，年平均水温 23.7℃，是理想的海滨浴场和海上运动场所之一，被称为“南方北戴河”和“东方夏威夷”。

[北海银滩飞鱼]

晚上在北海银滩，借助强光手电筒，可以观看到远处的飞鱼，它们跃出海面滑行，又钻入大海，继而跃起，鱼鳞在光照下一闪一闪，这种场景在其他海域很难看到。

北海银滩属于亚热带海洋性季风气候。春、秋两季不明显，夏季很长，冬季较短，也很暖和。

白虎头

鸟瞰北海银滩，它就像一只张开大嘴的白虎，所以这里原来被人们叫作“白虎头”。

北海银滩的沙滩是由洁白、细腻的石英砂堆积而成的，沙滩会在阳光下泛出银光，如今“白虎头”这个名字很少用了，已经被北海银滩这个浪漫的名字替代。

天下第一滩

北海银滩的主要特点是滩面宽、长，连绵而无礁石，沙子干净且细白，海水温暖、纯净。在北海银滩，就连浪花打在人们的脚上也是柔软舒服的，而且北海银滩的海里没有鲨鱼，游客们可以放心地在这里玩耍。北海银滩也因为“滩长平、沙细白、水温净、浪柔软、无鲨鱼”的特点被人们称为“天下第一滩”。

北海沙雕大赛

北海银滩为了丰富旅游文化，经常举办北海沙雕大赛。每届大赛的主题各不相同，选手按照主题发挥想象力，自由创作。大赛分为校园组、业余组，但是每队人数最多不超过 6 人。

海浪在大地上的脚步

野柳海岸

野柳海岸上奇岩怪石密布，种类繁多，各尽其妙，被“选美中国”活动评选为“中国最美的八大海岸”第二名。

[野柳海洋世界]

野柳风景区入口右侧是野柳海洋世界，它是我国台湾地区第一座海洋动物表演馆，也是我国台湾地区唯一的海豚、海狮表演馆，可容纳3500位观众，有美妙的水上芭蕾舞表演、惊险的高空跳水表演和生动有趣的海豚、海狮表演。

每年秋季，北方鸟类南下避冬，经长途旅行后，第一个落脚歇息的地方就是野柳海岸；而春季，鸟类在野柳海岸进行最后的补给后才振翅北返。

野柳海岸位于我国台湾地区的新北市，也就是以前的台北县，位于台湾岛东北角。它是一处伸入海中的山岬，长约1700米，有野柳半岛和野柳岬之称。远远望去，好像是一对海龟抬着头、躬着背蹒跚着准备离岸，所以当地人也称它为野柳龟。

[野柳龟]

进入野柳风景区，沿着步道前行，可以尽览奇特的地质景观。海岸上有海浪精雕细琢的人物、巨兽、器物等石头像。游玩野柳海岸大体可分为3个片区。

第一个片区为

仙女鞋、女王头、情人石、林添祯塑像等景点；

第二个片区为风化窗、海蚀沟、豆腐岩、龙头石等景点；

第三个片区为灯塔、二十四孝山、海龟石、珠石、海狗石等景点。

除了惟妙惟肖的怪石外，在野柳海岸还能发现许多五颜六色的贝壳，甚至是被冲上岸的海胆，再加上美人蕉、龙舌兰、海鞭蓉和南国蓟等海岸植物，使野柳海岸宛如一处天然的海岸公园。

[女王头]

女王头耸立在一个斜缓的石坡上，高 2 米，整体给人的感觉好像一位抬头静坐的尊贵女王。

根据地质学家的考察，女王头有约 4000 年的历史。经过长期的风化侵蚀，它的颈部已变得非常细弱。如果遇到大强风、大地震，很有可能会断落。

[仙女鞋]

仙女鞋是一块看起来非常像鞋子的石头，它是一种姜石，含有较硬的钙质岩块，受海水长期的淘洗而剥落，加上地层挤压出纵横交错的裂缝，所以成了鞋子的造型。

在当地民间传说中，天上的仙女在此地收服野柳龟，但不小心将鞋子遗忘在海岸上，便形成了如今的仙女鞋。

[珠石]

珠石也叫作海蛋，像一颗圆珠在海边岩石上摇摇欲坠。

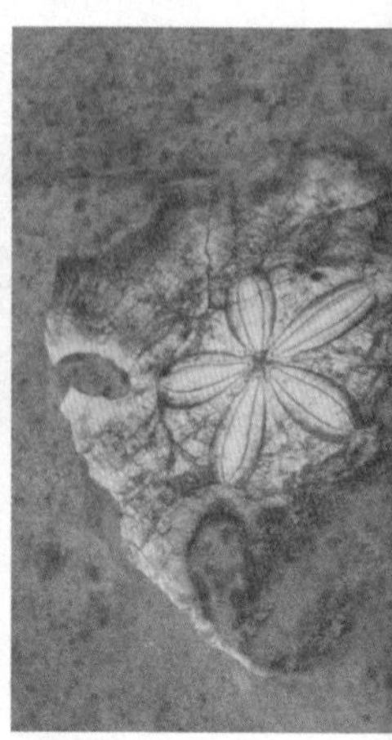

[海胆化石]

野柳海岸岩丛中的海胆化石，于实体化石，其管状根足都清楚楚。

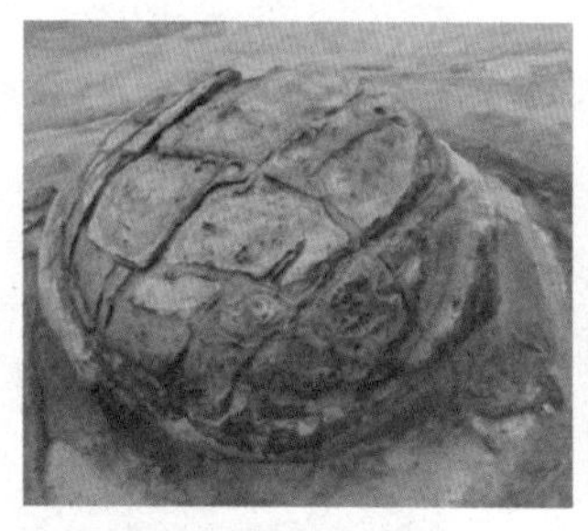

[菠萝包石]

[烛台石]

享受世界级美景

澎湖湾

“晚风轻拂澎湖湾，白浪逐沙滩，没有椰林缀斜阳，只是一片海蓝蓝，坐在门前的矮墙上一遍遍怀想，也是黄昏的沙滩上有着脚印两对半……”《外婆的澎湖湾》这首歌曾在大街小巷广为流传，是一个时代的标记，也正因为这首歌，让澎湖湾进入人们的视野中。

澎湖湾位于台湾海峡中流，属于我国台湾地区的澎湖县，位于澎湖列岛上最大的三座岛——白沙岛、澎湖岛和渔翁岛的中间。澎湖湾长度达到了70多千米，宽度有40多千米，面积约126平方千米，它是扼守台湾岛的主要屏障。

澎湖湾附近岛屿之间的交通非常方便，有各种公路和桥相连接，主要的公路有4条，总长度达到130千米。

澎湖列岛一共由64座岛屿组成，从形态上来看，好像是一只大乌龟带领着一群小乌龟。

[澎湖跨海大桥]

澎湖跨海大桥连接白沙乡和西屿乡，是澎湖的地标，也是世界上著名的跨海大桥，它跨越了澎湖最不利于行船的险恶“吼门水道”，曾是远东第一长的深海大桥，驰骋其上，可以感受强劲的海风，欣赏壮美的景观。

[西瀛虹桥夜景]

西瀛虹桥位于我国台湾地区澎湖县马公市的观音亭海滨公园内，桥上搭有红、橙、黄、绿、蓝、紫六色霓虹灯，以及 12 盏蓝色、黄色灯，在夜间照亮海湾，犹如一道跨海长虹，美丽非凡。

澎湖湾的美景

澎湖湾的气候少雨多风，风光秀丽如画，这里日照充足，水资源丰富，为植物的生长和繁衍提供了必要的条件，独特的气候赋予这里迷人的自然景观。天人菊、芦荟、仙人掌及龙舌兰等耐旱植物更是生长茂盛。这里的蓝天、白云、沙滩、海浪、植被，使游客犹如置身于世外桃源。

澎湖湾不但有得天独厚的自然美景、历史建筑和人文景观，还有别具风味的海鲜美食。为招揽游客，澎湖县常年举办各种精彩节庆活动，让游客有天天过节的感觉。

[鲸鱼洞]

鲸鱼洞位于澎湖湾西北端的小门岛，岛上遍布奇形怪状的玄武岩，黑色岩石间有一个海蚀洞，相传有巨鲸在此受困，故得名。洞内寒冷阴森，好似洪荒之地，洞外巨涛拍岸，气象万千。退潮时，在此听潮音，效果十分震撼。

天后宫

在澎湖湾西部的马公镇上有我国台湾地区最古老的妈祖庙——天后宫，这也是我国台湾地区历史最悠久的古迹。

据记载，天后宫建于明万历二十年（1592年），1622年荷兰海军入侵澎湖，在马公岛登陆，占领了天后宫。时任福建金门守将沈有容率所部赶来，将荷兰人赶走。郑成功收复台湾后，也曾在天后宫及其附近驻军。清政府统一了台湾后，赠赐“神昭海表”匾一方，重修庙宇。

此后，中法战争、甲午海战以及第二次世界大战，都使这座庙宇或多或少遭到不同程度的损坏。不过，多年来，天后宫历经修整，基本上仍保持旧时庙貌。

天后宫周边还有许多明清时期遗留的景点，如四眼井、中央古街、施公祠、万军井等。

［天后宫］

天后宫的重檐燕尾脊凌空欲飞，线条流畅。檐下梁柱雕刻、柱础石鼓雕刻、窗棂石雕、墙上装饰石雕以及殿内各处的装饰石雕等，无不精细而古朴。

珊瑚业

澎湖湾有大量的天然海港和天然渔礁，地处暖流、寒流交汇处，渔业资源非常丰富，当地人

［澎湖湾美景］

［沈有容］

沈有容是明代名将，在40余载的军旅生涯中，有数十年镇守在福建沿海。正是在此期间，他曾率军三次进入台湾、澎湖列岛，歼倭寇，驱荷兰入侵者，成功地保卫了台湾。

［“沈有容谕退红毛番韦麻郎等”碑］

1602年，荷兰东印度公司舰队司令韦麻郎企图夺取澳门不果，转往扼住台湾海峡咽喉的澎湖，准备长期耕耘。1604年，明朝将领沈有容率领兵船50艘、军士2000名前往劝退荷兰人。至今，澎湖马公镇天后宫仍留有“沈有容谕退红毛番韦麻郎等”碑（当时荷兰人被称为红毛番）。

澎湖县东与云林、嘉义两岛相望，西与福建厦门相对，是我国台湾地区唯一全部以岛屿组成的县。

主要以海洋养殖和捕鱼为生。

我国台湾地区盛产珊瑚，其中澎湖湾的珊瑚最为出名，粉红色珊瑚和澎湖文石是澎湖湾的特产。当地人将它们制成各种各样漂亮的戒指、项链、耳环等饰品，其光润如珠，坚实如玉，在海内外十分受欢迎。

［粉红色珊瑚］

珊瑚形似海树，色泽分深红、粉红、纯白三种，澎湖是全世界四大珊瑚产地之一，所产珊瑚主要为粉红色，深受人们的喜爱。

我国台湾地区多台风，农作物很难生长。澎湖湾的农作物都非常低矮，没有特别高大的。当地盛产西瓜、哈密瓜和丝瓜，称为“澎湖三瓜”。

澎湖文石色泽优美，花纹繁复，且质地坚实，是举世公认的最佳文石。

最美的捕鱼石墙

七美岛双心石沪

“爱在七美，情定双心”，七美岛上的双心石沪如今已经成了一个浪漫的地方，相传有缘之人捡起石子，只要丢进那颗心里面，就会与真爱邂逅。

[情定双心]

七美岛是澎湖列岛的 64 座岛屿之一，位于澎湖列岛最南端，全岛面积约 7 平方千米，呈三角形，地势由东向西递降。东岸断崖峭立，海拔 60 米，雄伟壮丽；中部有西湖溪，流经处风景特异。

> 石沪是传统的捕鱼方法，渔民以海石在近岸处叠起圈堤，涨潮时海水覆盖，退潮时鱼儿困在里面，渔民即可捕捞。

最繁华的南沪港

七美岛是澎湖列岛的离岛，交通很不方便，去游玩时需要早点出发，否则就有可能需要在岛上过夜。

跟随着客轮首先来到七美岛的南沪港，这里是我国

[金龙宝塔大将军]

由于澎湖列岛各座岛屿分散，每个地方的信仰不同，在七美岛信奉的神物是一种塔——金龙宝塔大将军，据说能挡煞、制煞物，它是一座外形似桶状、一层层垒起来、顶端卧龙的石塔。

台湾地区重要的渔业中心，也是七美岛最繁华的地方，南来北往的船只使这里变得格外热闹。

七美灯塔、望夫石

南沪港最醒目的建筑要数七美灯塔，七美灯塔下方是一片绿草地，一直向西延伸到海岸黄色的沙滩边。沙滩上有一块巨大的石头没于沙滩与海水之间，如同一位孕妇仰卧水面，这就是七美岛有名的“望夫石”。相传古时候，这里生活着一对以打鱼为生的夫妻，后来渔夫出海打鱼未归，痴情的妻子长候海边望夫归，因体力不支而倒，变成了望夫石。

七美岛因处于澎湖列岛最南端，故有“南天岛”之称，且因其为离岛中最大的一座岛，故又称“大屿”。1949年，当时的澎湖县县长到这座岛上巡视，发现岛上有一个著名古迹“七美人冢”碑，为表彰七女抵抗倭寇的节烈事迹，将“大屿”改名为“七美岛”。

[七美灯塔]

七美灯塔（又称七美屿灯塔或南沪灯塔）兴建于 1937 年，是澎湖所有灯塔中最后兴建的一座。于 1989 年整建后，高 8.3 米，有 8000 烛光，塔光可达 19 海里。

[七美人冢]

七美人冢

在南沪港东南方约500米处，能看到7棵有400多年历史、开着白色小花的香楸树，它们香气四溢，枝繁叶茂，苍翠浓密，在香楸树下方就是有名的“七美人冢”，旁边建有7间小屋，如今成为澎湖的名胜之一。

[“七美人冢”碑]

相传，明朝时倭寇侵扰我国台湾地区，该岛也未能幸免。有一次倭寇来袭，烧杀掳掠，无恶不作，在发现7位美貌的姑娘藏于山洞后就心生歹意，7位姑娘奋力奔逃，来到一口井边，因不甘受辱，相继投井自尽。

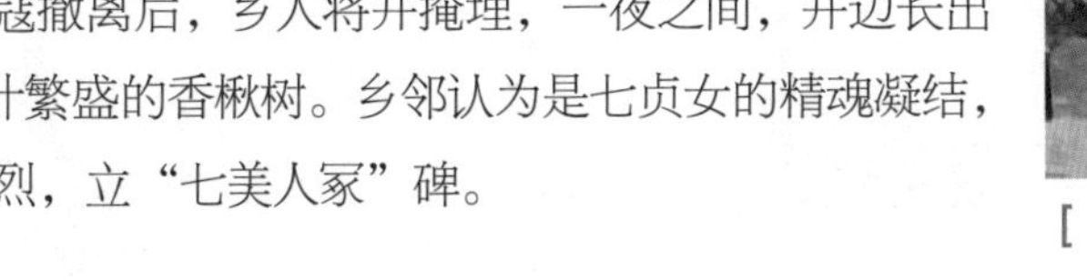

倭寇撤离后，乡人将井掩埋，一夜之间，井边长出7棵枝叶繁盛的香楸树。乡邻认为是七贞女的精魂凝结，感其贞烈，立“七美人冢”碑。

小台湾

在七美岛东部，离“七美人冢”不远处的海岸边有许多大小不一、被海浪侵蚀的海蚀平台，其中有一个叫“小台湾”，从外貌上看就像缩小版的台湾岛，使人不

[“小台湾”]

禁感叹大自然的鬼斧神工。每当退潮的时候，在这些海蚀平台上有很多来不及撤退的螺贝，成为游客拍照取景的最佳选择。

双心石沪

从“小台湾”沿着海岸线往北，在东北角处就是七美岛最有名的景点“双心石沪”，这是一个奇特景观，它的形状像是两颗心结合在一起，这并不是自然形成的，而是先民利用玄武岩及珊瑚礁在潮间带筑成的捕鱼石墙，是一种海中陷阱，相传已有700多年的历史。如今石墙变得陈旧，上面还附着有珊瑚礁，使心形石墙变得更加有历史的味道。“双心石沪”凭借浪漫的造型，如今成为许多情侣们许下诺言、宣誓爱情的地方，被评为我国台湾地区最浪漫的景点。

[双心石沪雕塑]

双心石沪是澎湖列岛的代表性地标，曾屡获票选澎湖美景第一名。双心石沪是目前澎湖列岛保存最完整和最美丽的石沪。

原生态的荒原

龙磐草原

这是一片罕见的海岸大草原，拥有原生态的荒原味，也是垦丁最美的海湾，充满了浓郁的海洋风情。

龙磐草原位于我国台湾地区最南端的恒春半岛的垦丁公园之内，又称为龙磐公园，是垦丁公园的四大景观之一。

恒春半岛也被称为“珊瑚礁岛”，由于一年四季气温在 20~28℃，树木常绿，鲜花盛开，所以叫“恒春半岛”。恒春半岛以其旖旎的热带海滨风光，被人们称为“台湾的夏威夷”。

草长得比人还高

龙磐草原是上升的石灰岩地形，浪花一层层地涌向海岸线上，好像是一条巨龙盘绕着葱葱郁郁的一片草原，因此而得名。

［龙磐草原］

[龙磐草原]

龙磐草原海拔仅六七十米，面积约 80 万平方米，地处三面临海的恒春半岛，由于受强劲海风的影响，这里的农作物不易成活，只适合牧草的生长，因此，青草长得十分茂盛。但是这里和内蒙古的大草原不同，这里的青草长得比人还高，所以不能躺在草地上看天空，更不能在草地上尽情地翻滚。另外，这里不是那种广阔无垠的草原，而是一片片、一丛丛青草聚在一块。

龙磐草原的美景

龙磐草原的景色是极美的，置身草丛之中，你会忽然与黑山羊、牛或梅花鹿相遇，它们在草丛中悠然自得地低头吃草，或者休息。这些黑山羊或梅花鹿是人们放养的，它们在这里自由生长繁殖。为了保持龙磐草原的原生态，这里没有任何人工设施，也不允许任何人工干预。龙磐草原展现的是一种天然美。

阵阵海风吹过龙磐草原，绿色的草浪翻滚开来，此起彼伏之间，青草的香味混杂着海洋的咸味，吹进人们的心扉。那场景就好像一幅充满诗意的油画：天苍苍，野茫茫，风吹草低见牛羊。

> 龙磐草原的最大特点就是风大，不过，夏天基本上看不到风吹沙。到了冬天，这里的大风可以将人都吹跑，尤其是刮东北风的时候，黄沙漫天飞舞着，像是沙尘暴一样。如今这里修了公路，也种植了大片的防护林，渐渐地远离了风吹沙的时代。

曾经的恶魔岛
绿岛

曾经的“监狱文化”给这座岛增添了神秘色彩，如今的绿岛有蓝天、大海和温泉，可以浮潜、踩沙、踏浪，宛如一座浪漫之岛。

绿岛位于我国台湾地区台东县附近的东太平洋中，距离台东县16海里，整座岛屿呈不等边四角形，是一座山丘纵横的火山岛，全岛面积约16平方千米，为我国台湾地区的第四大附属岛。

[梅花鹿]

绿岛还被叫作“鹿岛”，因为岛上家家户户曾蓄养梅花鹿，锯角取茸，售卖求利，是我国台湾地区最重要的鹿茸产地。

火烧岛

绿岛原名火烧岛（亦称鸡心屿或青仔屿），最早的原住民是达悟人、阿美人、卑南人和雅美人等。相传，这座外悬于太平洋的小岛早期被达悟人和阿美人发现，他们在这里开垦，刚来的时候，先民们经常会发现夜里有一颗红色的火球在阿眉山和观音洞之间滚动。这个现象有另一种说法：据说先民们出海捕鱼，遇到天气不好时，家家户户都会跑到山上点起火把，给出海的家人指引归航，从远处看，整座岛屿火光冲天。

还有一种据说是比较靠谱的说法：相传在清朝嘉庆年间，因战火烧毁大半座岛，火光冲天，所以被称为“火烧岛”。

后来由于岛上气候温和，阳光充足，绿色盎然，充

每年冬、春季节，绿岛上的草木就会受到海风中的盐分侵袭，呈现枯黄状态，仿佛被火烧过。

［津田氏大头竹节虫］

这是中国的特有物种，目前只在我国台湾地区的恒春半岛以及绿岛发现过它的踪迹。

满了自然美，故称绿岛。岛上还饲养了400多头梅花鹿，所以又有“鹿岛”之称。

最适合的出行方式

绿岛上大多是由火山喷发的熔浆和原有的沉积岩堆砌而形成的丘陵，其最高山为火烧山（280米），其东南临海处多为断崖，西南角是长达十多千米的平原、沙滩，西北近海岸区地势低缓，是全岛的主要村落所在。

绿岛属于太平洋热带气候，因此拥有丰富的热带雨林和珊瑚礁生态，四周海岸线布满了裙状珊瑚礁。

游客在绿岛最适合的出行方式就是租用摩托车，这里只有一条20千米长的水泥路，没有红绿灯，摩托车环岛一圈只需1小时左右，沿途可游览朝日温泉、绿岛灯塔、绿岛监狱、观音洞、海参坪和小长城等。

朝日温泉的温度约为55℃，pH为5，属于硫黄盐泉，并无浓烈臭味，可浴不可饮，带有海水的咸味，对人类皮肤无刺激性。

朝日温泉

朝日温泉位于绿岛的东南方。在绿岛潮间带的礁岩间有汩汩泉流涌出形成潮池，称为海底温泉，极为罕见，在世界上目前仅发现三处。

［朝日温泉］

这种海水温泉极为罕见，是世界级的稀有地质景观。世界上目前仅发现三处，除了朝日温泉外，在日本九州及意大利的西西里岛各有一处。

在朝日温泉可以享受我国台湾地区独一无二的海水温泉浴，这里的温泉池是露天的或者半户外的。白天，泡温泉的游客可以一边享受温泉，一边享受日光；夜晚，可仰望灿烂星空，静听海涛声；晨间，伴随着睡意，在温泉池里欣赏绿岛日出。

[绿岛灯塔]

绿岛灯塔

绿岛灯塔位于绿岛西北方的海岬上，在绿岛机场北方，塔身纯白，高近10米，呈直筒状，直插蓝天。它是一座具有历史意义的建筑。

据记载，1937年12月，美国邮轮“胡佛总统”号在绿岛附近触礁沉没，为纪念失事的该邮轮及维护海上航行安全，1939年由美国政府牵头，美国红十字会捐款兴建了绿岛灯塔。第二次世界大战期间，该灯塔被炸毁，1948年时修复。

绿岛监狱

在歌曲《绿岛小夜曲》中，绿岛指的是我国的宝岛台湾，而在我国台湾地区，绿岛在很多人心中等同于“监狱”，它四面环海，特殊的地理环境使它在被日本人侵占时期就出现“监狱文化”，日本人在绿岛设置浪人收容所，实际上是将一些地痞流氓遣送至绿岛，任其自生自灭。

在绿岛最有名的特色纪念品专卖店门口挂的不是“欢迎光临”，而是“感谢探监”。

1950年后，绿岛上建立了许多不同性质的监狱，使绿岛成为世界上监狱密度最高的岛屿。从此，绿岛就与监狱画上等号，甚至有“恶魔岛”之称。

[小长城]

在绿岛除了潜水外，还可以乘坐玻璃底船，透过透明的船底，轻松地欣赏海底景观。

中国第一个奴隶制国家产生之后就有了监狱，只不过那时的监狱叫“牢”，后来叫“圜土”。

在20世纪70年代，李敖和柏杨等都曾被关押在此。如今绿岛监狱已经被关闭，被改造成博物馆供游客参观。

小长城

在绿岛的东海岸，沿着蜿蜒的丘陵山势建有步道，当地人认为其像长城一样，所以将其称为小长城。

沿着步道可以一直通往海滨岬角的观海亭，这里是观海的最佳地点：东边不远处是有名的哈巴狗礁石与睡美人礁石；北方远处是柚子湖、牛头山及楠子湖；南方环绕着广阔的湛蓝海洋；西方则是绿岛第二高山——阿眉山系。

[哈巴狗礁石与睡美人礁石]

[柚子湖]

柚子湖位于山坳之中，地势开阔平坦，还有巨大的海蚀洞。

[牛头山]

其有栩栩如生的牛颈、牛鼻及牛耳，被湛蓝的海水围绕着。

观音洞

沿着绿岛小长城往北，不远处就是观音洞，它是一个天然钟乳石石洞。历经千万年，生成了各种形态的天然钟乳石，最神奇的是在石洞内有一块形如观音菩萨的钟乳石，其面色淡然地朝东坐在莲座上，当地人认为这是观音菩萨在守护出海捕鱼的渔船，因此这里是绿岛居民的信仰中心。

在观音洞附近还有很多奇特的景观，如牛头山和楼门屿等。

绿岛美丽的海底是世界潜水爱好者的天堂，石朗、中寮、柴口、柚子湖、大白沙、公馆外湾等都是理想的潜点。

绿岛环岛有许多潜点，需视海况气候、潮汐来选择，可视个人时间和预期潜点多寡来安排行程。

[观音洞]

[楼门屿]

位于绿岛东北角海岸外约 300 米处，是一块珊瑚礁巨岩，犹如大型拱门般，可搭游艇或渔船近距离游赏，别有一番滋味。

世界三大夜景之一

维多利亚港

香港的夜景被誉为世界三大夜景之一，而香港夜景又以维多利亚港的夜景最为壮观动人。维多利亚港还曾被评为“中国最美八大海岸”之一。

［维多利亚海湾］

维多利亚海湾曾被美国《国家地理》杂志列为“人生 50 个必到的景点”之一。

维多利亚港又称维多利亚海湾，是一个天然的深水海港，曾是香港太平山和九龙之间的一个山谷，在一万多年前，这里是大陆山脉的延伸部分，随着海平面的上升，山谷被海水淹没，造成山体断裂，海水入侵，才形成了现在的维多利亚港。维多利亚港的底部全是岩石，很少有泥沙，港内可以同时停靠 50 艘巨轮，可以想象出维多利亚港到底有多大。由于其港阔水深，被誉为“世界三大天然良港”之一。

香港的夜景与日本函馆、意大利那不勒斯的夜景并列为世界三大夜景。

维多利亚港的平均水深达 12 米，最深处约 43 米，最浅处约 7 米，分别是鲤鱼门和油麻地。

名字的由来

1842 年，清政府在第一次鸦片战争失败后，与英国签署了《南京条约》，英国占领了香港岛。1856 年，清政府在第二次鸦片战争失败后，又与英国签署了《北京条约》。1861 年 1 月，英国占领九龙半岛。1861 年 4 月，英国女王维多利亚将香港岛与九龙半岛之间的海港命名为维多利亚港。

除此之外，香港还有许多以维多利亚命名的地方，如维多利亚公园、维多利亚城和维多利亚山等。

维多利亚港的美景

维多利亚港的海岸线很长，两岸的景点数不胜数。每天日出、日落时，繁忙的渡海小轮穿梭于南北两岸之间，渔船、邮轮、观光船、万吨巨轮和它们鸣放的汽笛声交织出一幅美妙的海上繁华景致。

与白天相比，夜晚的维多利亚港更美，华灯初上，灯火璀璨，港湾周边的摩天大楼霓光闪烁，在天际和水面之间缔造出“东方之珠”的壮丽夜景。

[从太平山山顶俯瞰维多利亚港的夜景]

维多利亚港的最佳夜景观赏办法：一是选择从太平山山顶上俯瞰维多利亚港或从尖沙咀海旁欣赏维多利亚港；二是搭乘渡海小轮置身维多利亚港之中欣赏两岸景色。

烟花会演

自 1982 年起，每年农历初二的夜晚，维多利亚港都会有大型的烟花会演，因此吸引着大量的市民和游客前来观看。

自 2004 年起，维多利亚港又加入了“幻彩咏香江”的会演，由两岸共 44 座大厦、摩天大楼及地标合作举行，夜晚透过这些建筑物发出幻彩灯光、激光和弹射灯，点亮香港的夜空，还有充满节奏感的音乐效果和旁白配合，如果遇到特别的日子更会加插烟花效果，尤其赏心悦目，使整个会演更加让人惊艳。

[夜游维多利亚港]

维多利亚港乃至整个香港海域有多种海上观光船，其中天星小轮最受欢迎。天星小轮主要往来中环、湾仔及尖沙咀等市区旅游点。游客可以一边享用游轮酒吧中提供的免费饮料、酒水，一边饱览维多利亚港沿岸灯光闪烁的璀璨夜景。

[幻彩咏香江]

幻彩咏香江于 2005 年 11 月 21 日正式列入吉尼斯世界纪录，成为全球最大型灯光音乐会演。从 2007 年年底开始，每年的 12 月 31 日都会在维多利亚港举办。

维多利亚港一直影响着香港的历史和文化，主导着经济和旅游业的发展，是香港发展成国际大都市的关键之一。

[香港回归 20 周年纪念日，维多利亚港打出的标语]

每逢香港回归纪念日和国庆日，在维多利亚港也能欣赏到烟花表演。
这是香港维多利亚港周边建筑上打出的庆祝香港回归祖国 20 周年的标语。

只有海事处长才能批准在此游泳

自 1906 年起，维多利亚港就开始举办渡海泳，赛程长 1600 米，每年由九龙尖沙咀公众码头游往中环皇后码头。由于海上交通和水质的原因，渡海泳曾在 1979 年停办。

如今，香港《船舶及港口管制规例》中规定，未经海事处处长批准，任何人均不得在维多利亚港游泳，最高可罚款 2000 港元。

维多利亚港的避风塘

每到夏天，维多利亚港便会受到台风的侵袭。为了防范台风，维多利亚港内设有多个避风塘，供船只躲避风雨及停泊。维多利亚港的主要避风塘有铜锣湾避风塘、油麻地避风塘、九龙湾避风塘、筲箕湾避风塘、土瓜湾避风塘、官塘避风塘和鲤鱼门避风塘，其中铜锣湾避风塘是香港的第一个避风塘。

会演的音乐和旁述采用多种语言播送：逢星期一、星期三、星期五以英文广播；星期二、星期四、星期六以普通话广播；而星期日则以粤语广播。而且有电台同步，不同的波段以不同语言播放，比如 FM103.4 MHz（英语），FM106.8 MHz（粤语话），FM107.9 MHz（普通话）；或用手机收听：35-665-665（英语），35-665-668（普通话）。

观赏会演的最佳地点是“星光大道”至香港文化中心外的尖沙咀海旁、湾仔金紫荆广场海滨长廊，或维多利亚港内的观光渡轮。“幻彩咏香江” 不设门票，免费供市民大众和游客欣赏。

[避风塘炒蟹]

维多利亚港的美食有很多，其中避风塘炒蟹是远近闻名的一道地方菜。它也被称为“香港十大经典名菜”之一，是一道美味可口的传统粤菜。现在很多地方都有避风塘炒蟹，而最正宗的是铜锣湾的避风塘炒蟹，除了避风塘炒蟹外，维多利亚港还有许多美食，如熏鲑鱼、香港云吞面和葡国鸡等地道小吃。

天下第一湾

浅水湾

这里浪平沙细、滩床宽阔、坡度平缓、海水温暖，是香港最具有代表性的海湾，被誉为“天下第一湾”。

浅水湾位于香港南端的太平山南，其依山傍海，呈新月形，海滩既长又窄，沙子细腻，湾内水清。这里冬暖夏凉，水温常年保持在16～27℃，号称“天下第一湾”，是香港最具代表性的海湾。

浅水湾就是水比较浅的意思，它的英文名字为“Repulse Bay”，其中“Repulse”意指“击退”，取自1840年负责巡逻该区、防卫海盗的英国皇家军舰“HMS Repulse”的名字。

浅水湾高档别墅区

浅水湾除了景色宜人外，还是香港的高档住宅区之一。通向浅水湾的路，左边是茂密的山林和高崖，右边是蓝绿色的海。在浅水湾的坡地上分布着众多豪华别墅，据说全国很多明星和商业精英在这里都有自己的私家别墅。

［富人别墅区］

[镇海楼前的观音菩萨像]

浅水湾还有高等级公路和高尔夫球场，甚至沙滩边上的酒家、快餐店、茶座和超级市场都让这个地方变得极具吸引力。

浅水湾海滩

从香港的中环、湾仔或尖沙咀等地，可直接坐巴士到浅水湾。这里虽然没有长洲岛和南丫岛那么美，平时也都是居住在周边的住户在沙滩上休闲，颇有点私家海滩的感觉，但是每到夏天，浅水湾就会变得热闹起来。

在沙滩上玩耍尽兴后，可以移步浅水湾的东端，那里有许多的烧烤炉供人租用，可以享受自助烧烤的乐趣。

镇海楼

镇海楼也是香港拯溺总会，它是一个非政府志愿者组织，是为了减少在水上活动时发生意外而成立的。

镇海楼位于浅水湾的东南端，是一座具有中国特色的古典建筑，屋顶上盘旋着一条“巨龙”。在镇海楼公园内，面对大海处有两座 10 米多高的塑像，分别是“天后娘娘”“观音菩萨”，旁边还有海龙王、弥勒佛等各种神仙和神话故事人物塑像，保佑海民和泳客在海上四季平安。

万寿亭和长寿桥

在渔民心中，天后娘娘才是真正的守护神。以前的香港人主要从事捕鱼业，所以大都会供奉天后娘娘。

镇海楼旁是万寿亭、长寿桥，以及万寿龙、鳌鱼献寿、三阳启泰等雕塑，并建有七色慈航灯塔。据传，人在万寿亭上走一走，可以身体健康，福寿绵长；摸一摸长寿桥上的万寿龙雕像，可以为家人祈福。

浅水湾除了有高档住宅、海滩、镇海楼等外，周边还有不少其他景点，像太平山、铜锣湾、海洋公园也是游玩的好去处。